自然のしくみがわかる地理学入門

角川文庫
22721

はじめに

我々のまわりを見渡すといろいろと不思議な現象に出くわす。


「日本の土は黒いのに、テレビで見るアフリカの土はなぜ赤いのだろう？」

「東京の副都心では、なぜ新宿に高層ビルが集まっているのだろう？」

「なぜ大阪駅は階段やスロープが多いのだろう？」

「なぜ日本でもっとも雪が降るのは新潟で、北海道ではないのだろう？」

「なぜ北海道と本州は近くにあっても動物がぜんぜん違うのだろう？　おまけに本州より北海道のほうがツキノワグマに対するヒグマのように動物の体が大きいし……」

「日本アルプスには氷河が削ったすり鉢状の地形カールがあるのに、なぜ富士山にはないのだろう？」


これらの疑問はそれぞれまったく関係がないように見えるが、疑問の糸をたぐり寄せていくと、それぞれ複雑につながっていることがわかる。

例えば新宿に高層ビルが集まっていることと、日本アルプスにカールがあることと、北海道と本州の動物の違いは、すべて「氷河」でつながっていて、「氷河」のキーワードで解き明かすことができるのだ。

本書は、そのような疑問の糸をたぐり寄せながら、日本や世界の不思議な自然や社会を解き明かし、より深く理解していただこうと思いペンを走らせた。

私は幸いなことに世界約50ヵ国ほどをおもに研究調査の目的で訪れた。そこで調査を進めると、ただの観光ではわからなかったことがいろいろ見えてきた。そのあらたに見えてきたことも書き綴った。そのため、本書にはそこかしこに私の体験や、そのときに撮影した写真がちりばめられている。私の経験をいっしょに実感してもらいながら、日本や世界の地理をよりよく理解してもらえればと思う。そして、本書を読んだあとに、屋外に、さらには世界に出て、みなさんの目で実際に見て、感動していただければ本望である。

本書は多くの出版物を参照している。本来なら、その参照箇所を示して参考文献を挙げるのだが、一般向けの読み物であり、細かく参照箇所を示すと煩雑になり読みにくくなるため、巻末にまとめて参考文献を掲げた。

掲載した図表には出典を示してあるが、作図し直しているため、原図から一部変更されている。

写真は撮影者名や出典が書いてある4枚を除きすべて筆者が撮影したものである。ただし、写真1-3と1-26は筆者が主宰する京都大学自然地理研究会のホームページから借用した（メンバーの撮影）。

自然のしくみがわかる地理学入門

目次

1－3 断層と火山と地震

2 気候

3 植生と土壌

3-1 世界の植生と土壌

1 地形

1-1 平野の地形

なぜ新宿に高層ビルが集まっているのか?

——沖積平野と洪積台地

東京の山手線に乗っていると、電車が地下に入ったり、高架の上を走ったりする。たとえば、目黒駅は地下にあり、渋谷駅では高架を電車が走る。なぜだろうか? それは電車はジェットコースターのように急に上昇したり下降したりできないため、軌道の高さを一定に保っているからである。それゆえ、高台になっている場所では地下(掘割)を、谷のように低い地形では高架の上を走ることになったのだ。東京の**副都心**である新宿、渋谷、池袋、上野、品川の場合、新宿では電車は地上より低い場所を走り、渋谷では地上より高いところを走っている。実はこのことと、新宿には古くから高層ビルが建ち並ぶ一方、渋谷の中心部には最近までほとんど高層ビルがなかった(近年建設されつつある)ことは大きく関係している。

その関係を紐解くキーワードは、なんと「**氷河**」なのだ。現在、日本に氷河はないが、氷河時代には日本アルプスや北海道の日高山脈などに氷河が流れた。何度もやってきた氷河時代であるが、その最後の**氷河時代**、すなわち**最終氷期**はいまより1〜7万年前にあって、そのもっとも寒かった最盛期は2万年前であった（図1－1）。この最後の氷河時代が、新宿では電車が地上より下を、渋谷では上を走り、新宿に高層ビルが集中し、渋谷の中心部には最近まで高層ビルがなかったという原因を作った。もっといえば、西郷さんの銅像のある上野公園は高台に、その崖下にアメヤ横丁があることも氷河時代の産物である。

図1－2は、東急東横線の線路の高さと地形を示している。この図は私が東京都立

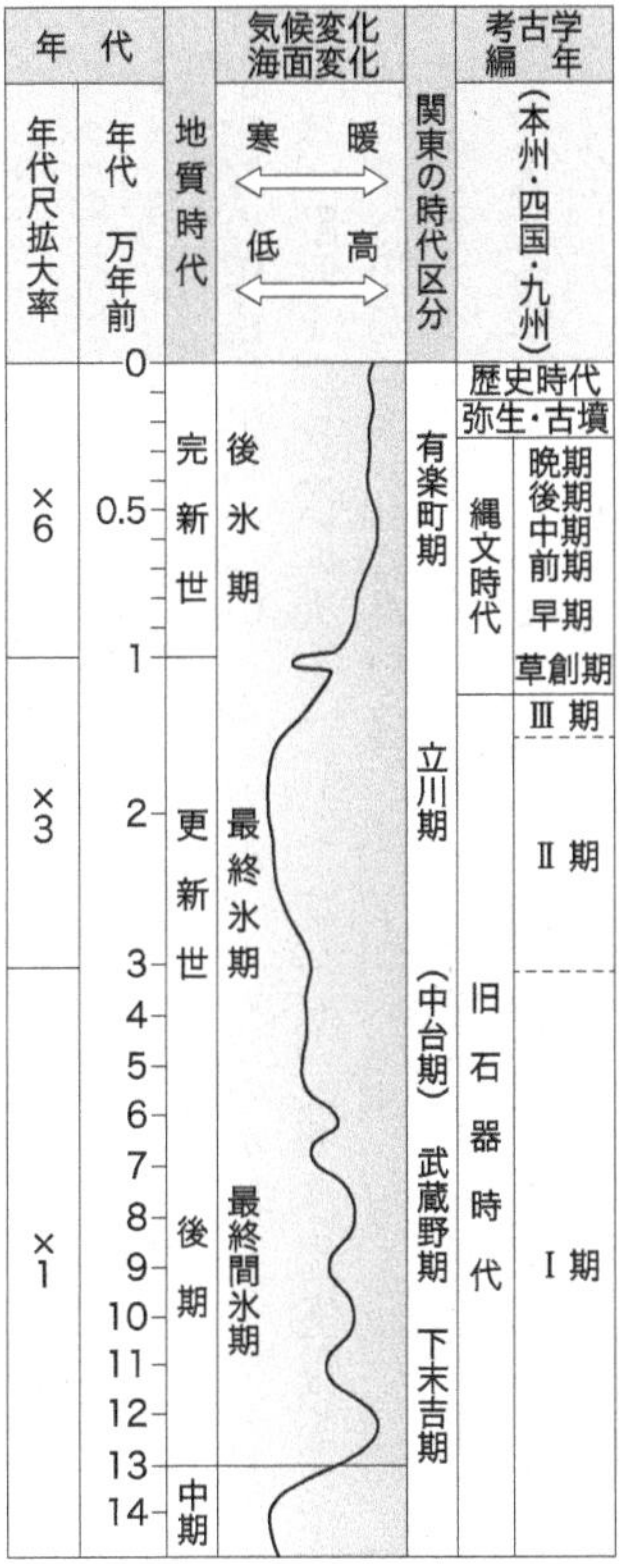

図1－1　過去12万年の環境の編年図（貝塚 1990）

大でお世話になった故貝塚爽平先生がお作りになったものである。渋谷で階段を駆け上がってやっと東横線の渋谷駅にたどり着き（注：2013年に東横線渋谷駅は地下に移転）、そこからは渋谷の街は下のほうに見える。逆に忠犬ハチ公の像からは、地下鉄銀座線の黄色い車両が高いところを走っているのが見える。渋谷を発着する電車の多くは、階段を上らないと乗ることができない。なぜなら渋谷はその字の如く、氷河時代に渋谷川がつくった谷だからだ。

気温が下がるにつれ、大陸には氷河が広がって、その広がった氷河の氷の分だけ、海に流入する水が減る。つまり海面が下がるわけだ。**最終氷期**のときには、日本付近では現在より120〜140mも下がった。図1－3のように海面が下がるにつれ、海に流れ込むすべての川は、海面が下がる分だけ川底を下に削っていく。これを河川の**下刻作用**《かこく》という。この河川の下刻作用によって、もっとも海面が下がった最終氷期の最盛期（2万年前）には、それぞれの河川が大きく深い谷をつくったのである。その谷は図1－3で示すように、河口に近いほど大きく深い。図1－2の東横線沿線では、氷河時代に渋谷では渋谷川が河川の下刻作用によって大きな谷をつくり、中目黒では目黒川が、都立大学では呑川《のみがわ》が大きな谷を掘った。その後、氷河時代が終わって**温暖化**するにつれ海面が上がる。それぞれの河川は海面が上がるにつれ、その海面の高さに川の水が流れればいいので、下刻作用は止まり、逆に河川が上流から運んでく

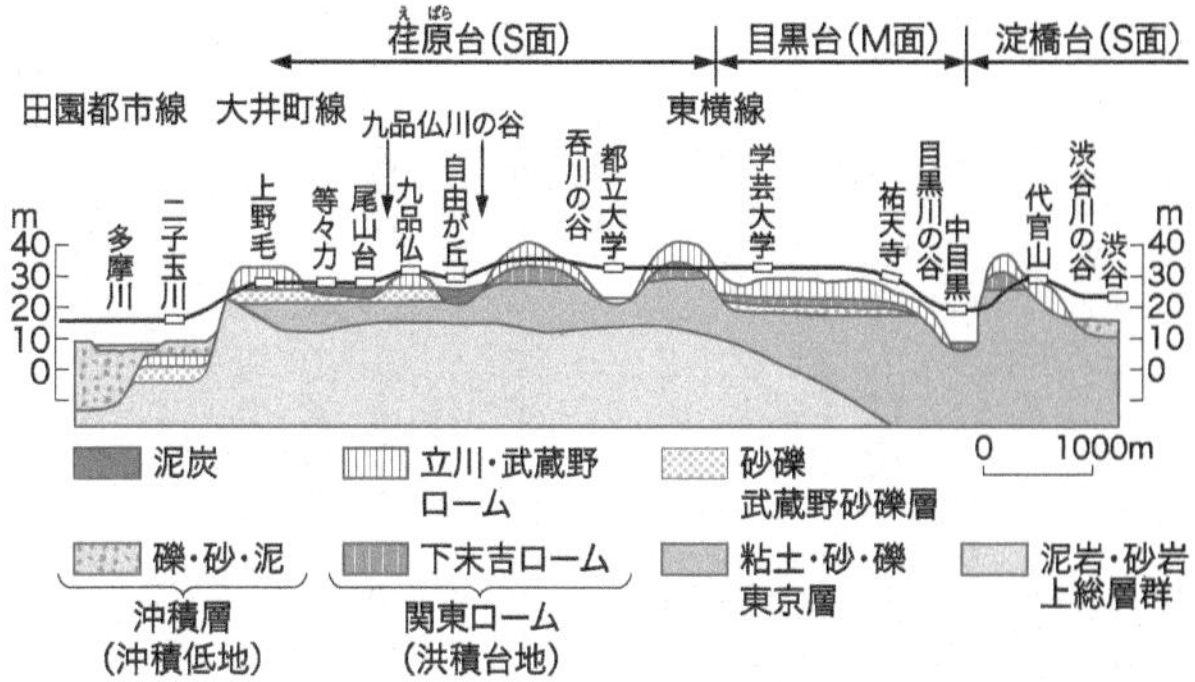

図1-2　田園都市線―大井町線―東横線に沿う地形と地質の断面図
(貝塚 1990)

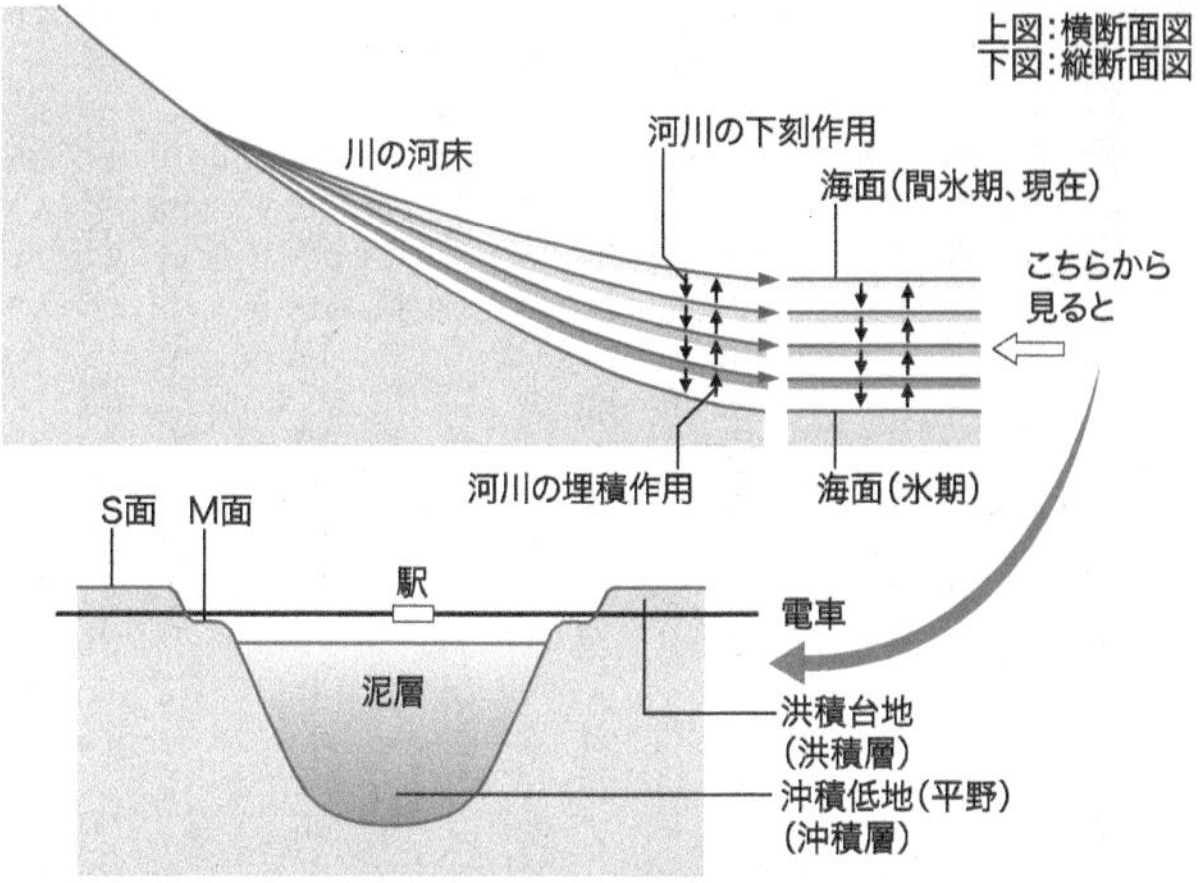

図1-3　氷期の海面低下にともなう河川の下刻作用と洪積台地(洪積層)と沖積低地(沖積層)の関係　上図:横断面図、下図:縦断面図

る泥が谷底に堆積していくという埋積作用（まいせき）が働いていく。したがって、渋谷川は渋谷の谷に泥を堆積させ、ほかの河川もその後それぞれ氷河時代に掘られた谷に泥をためていった。したがって、渋谷の谷はまわりより低い地形であるばかりでなく、その谷底は泥がたまって地盤が弱いのである。

もう少しくわしく図1－4で説明しよう。いまから12〜13万年前の下末吉期《しもすえよし》とよばれた時代は、いまより温暖で海面が高く、東京湾の奥まで海水が浸入し、古東京湾をつくっていた。そのときすでに海面より上の干上がっていた高台や海食台および浅い海底の堆積面を洪積台地《こうせき》の下末吉面（S面）とよぶ。約5〜8万年前の武蔵野期には海面が少し下がって、あらたに干上がった高台を洪積台地の武蔵野面（M面）とよぶ。

そして、およそ2万年前の氷河時代最盛期にはもっとも海面が下がり、それぞれの河川が下刻作用で大きな谷を掘った。約7000年前の縄文時代にはいまより温暖で海面が上がり、東京湾は奥のほうまで海水が浸入して、奥東京湾をつくった。そのころ生きていた縄文人は奥東京湾の海岸で貝を採って食べ、その貝殻を捨てたのである。それがたとえば有名な**大森貝塚**である。現在の大森は縄文時代では海岸線だったのだ。

1877年（明治10年）6月19日、アメリカ人の動物学者エドワード・S・モースが、列車で横浜から新橋へ向かう途中、大森駅を過ぎてまもなく崖に貝殻が積み重なっているのを車窓から見て驚き、発掘をはじめたのだった。モースは、そこから貝殻

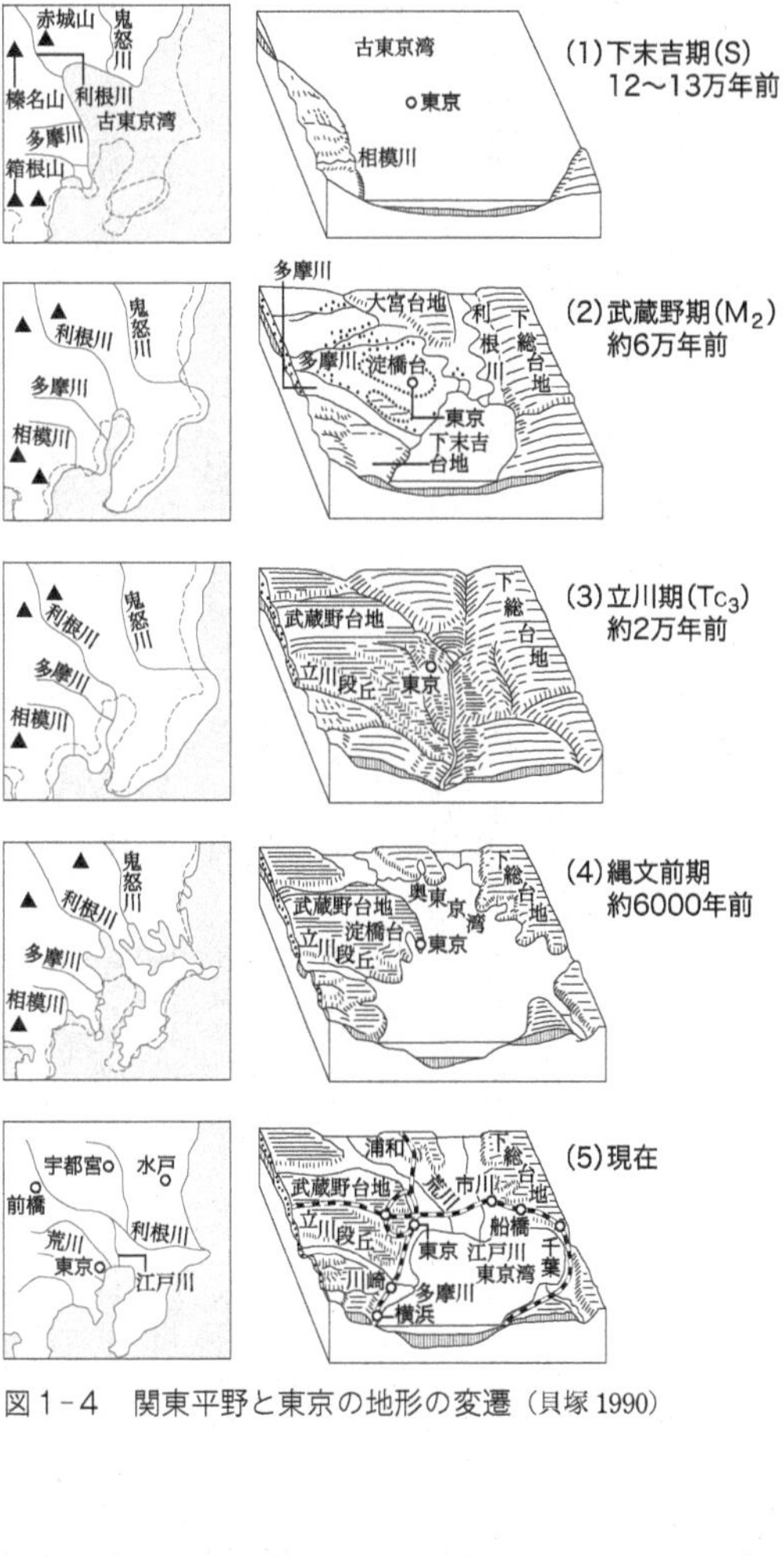

図1-4　関東平野と東京の地形の変遷（貝塚 1990）

のほか、土器、土偶、石斧などを発見する。時を同じくして、「シーボルト事件」で有名なフィリップ・フランツ・フォン・シーボルトの次男であるハインリッヒ・フォン・シーボルトも大森貝塚を発見して発掘をはじめている。彼は父親譲りで多才であり、外交官（通訳官）でありながら考古学にも精通していた。両者は第一発見者の功を争っており、モースは『ネイチャー』1877年12月19日号に、同年9月21日付として自身の大森貝塚発見の記事を投稿したが、一方でハインリッヒも1878年1月31日号に、自身が大森貝塚を発見したとの記事を寄せ、モースを激怒させたのだった。モースが論文に発掘場所の詳細を書かなかったうえに、所在地が大森村と記述されていたことから、当初の発掘地点について長いあいだ、品川区説と大田区説の二つが存在し、両区に大森貝塚の碑があるが、現在では品川区側であったとされている。

縄文時代以降、少し気温が下がって、それぞれの谷には泥が堆積し、現在の姿になった。氷河時代最盛期である2万年前以前にすでに海から顔を出していた高台を**洪積台地**といい、その地層を**洪積層**という。また、それらの地形がつくられた時代をかつては**洪積世**とよんでいた。一方、最終氷期につくられた谷に泥がたまった地形を**沖積**《ちゅうせき》**平野**とか**沖積低地**とよび、その泥の層を**沖積層**とよぶ。また、それらの地形がつくられた時代をかつては**沖積世**とよんでいた。そうなると洪積世と沖積世の時代区分は2万年前ということになるのだが、たしかに日本ではその地形区分から時代を2万年前で区分したほうがよくわかる。しかし、図1-1をもう一度よく見てもらいたい。約1万年前にやはり海面が下がった時代がある。このときにヨーロッパでは、同様な地形の差や地層の不整合面《ふせいごうめん》ができた。しかし、日本ではこの1万年前の差は不明瞭である。そこで、ヨーロッパにあわせて、時代区分は1万年前で分かれ、現在から1万年前までを**完新世**《かんしんせい》、1万年前以前を**更新世**《こうしんせい》とよんでいる。沖積世、洪積世という時代区分が使われなくなるにつれ、洪積台地も単に台地とよばれるようになってきた。

図1-2の東横線に乗ると、沖積低地の渋谷では電車は地面より高いところを走り、代官山で洪積台地の下末吉面、略してS面に上る。中目黒は沖積低地なので電車は地面より高いところを走り、祐天寺と学芸大学では洪積台地の武蔵野面、略してM面を走るため、電車は地面の高さを走る。都立大学では沖積低地なので、電車は高いところを走る。学芸大学と都立大学のあいだや都立大学と自由が丘のあいだは洪積台地のS面なので、M面の高さを走っている東横線は切り通し（掘割）の中を走っていく。このように、東横線の車窓から、歩行者や家が建っている場所が上のほうに見えれば、そこは12～13万年前にできた洪積台地のS面、同じ高さなら5～8万年前にできた洪積台地のM面、下のほうに見えれば2万年前以降にできた沖積低地なのである。

こんどは同じことを山手線で見てみよう。東横線の図は電車に乗っていながら地形がよくわかると大評判になり、それに気をよくされた貝塚先生が、「じゃあ、山手線

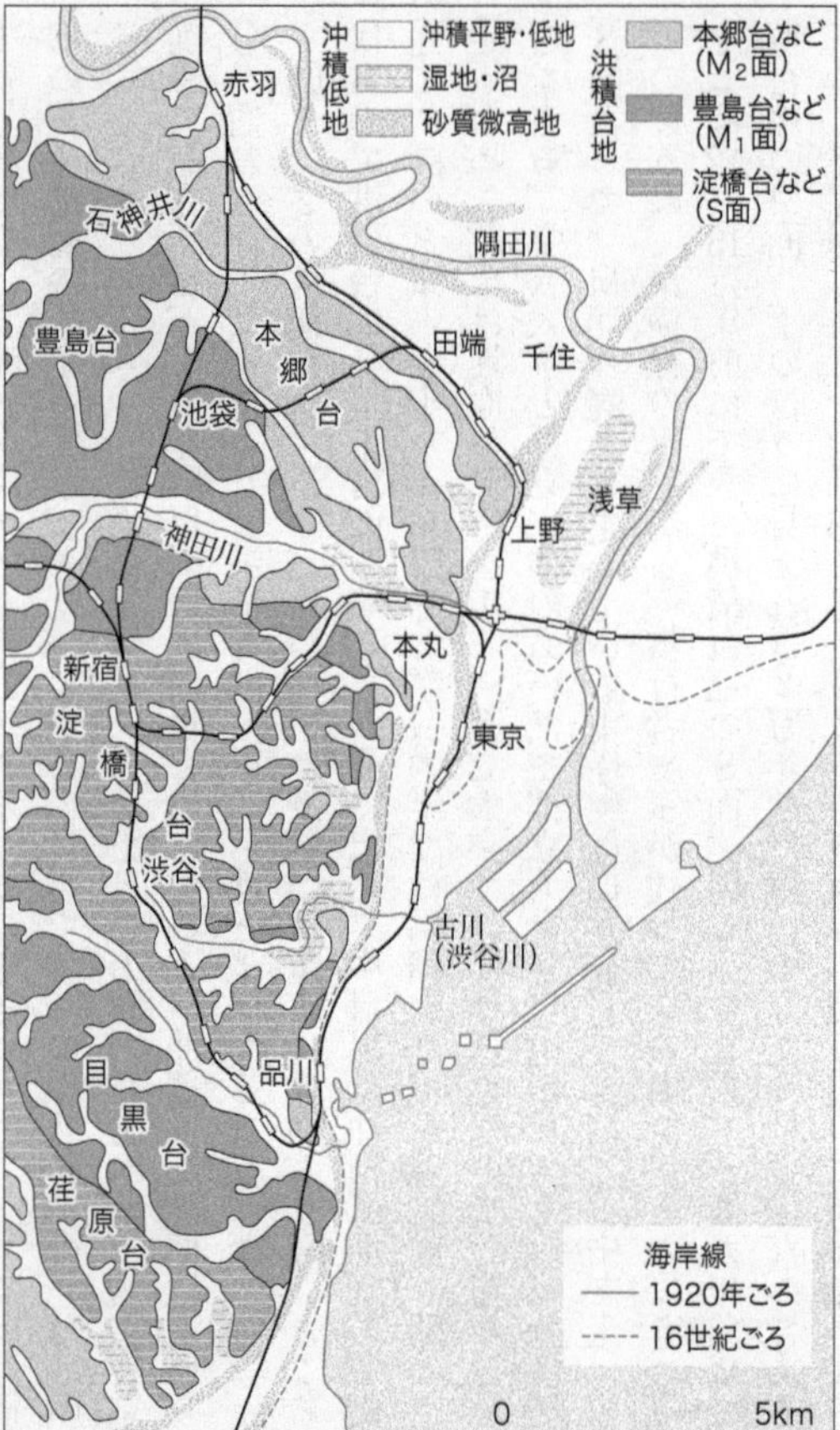

図1-5　山の手台地（西部）と下町低地（東部）の地形
（貝塚 1990）

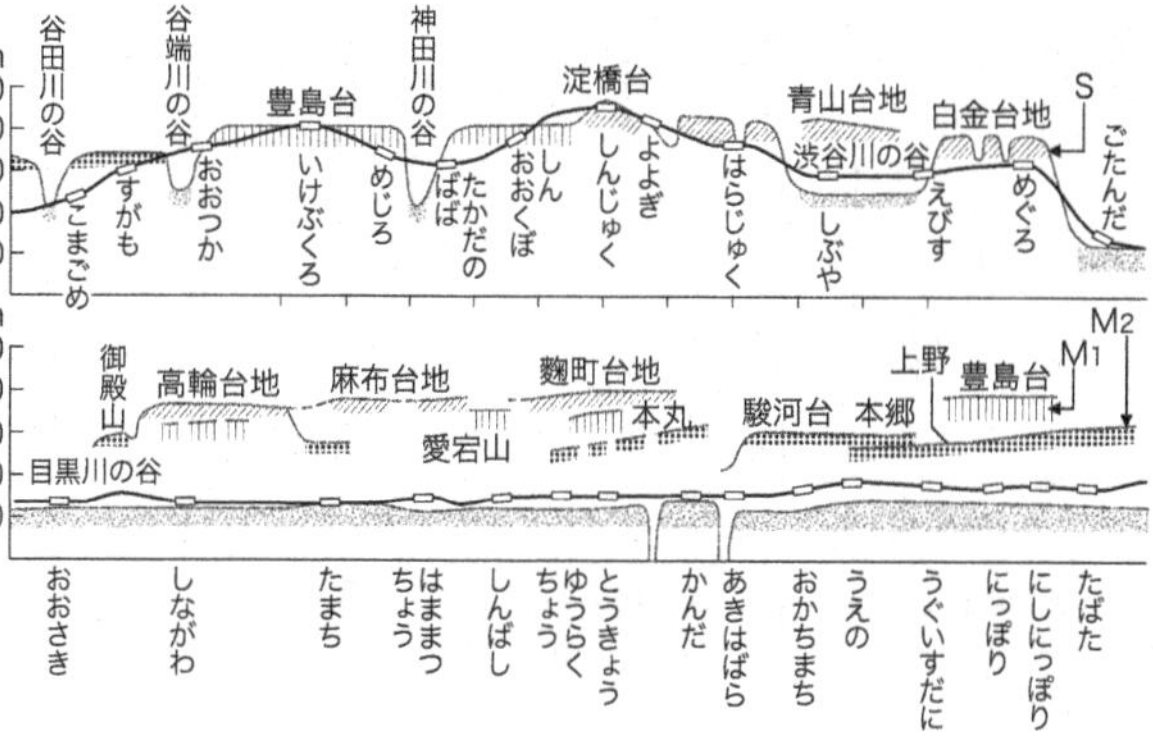

図1－6　山手線に沿う地形（貝塚1990）　斜線をつけた台地はS面、縦線はM_1面、黒丸はM_2面（S面、M面は洪積台地）、点々は沖積低地

も作っちゃおうかな」と山手線版もお作りになった。図1－5の平面図で概観すると、渋谷は氷河時代に渋谷川の下刻作用でつくられた谷に泥がたまった沖積低地、品川駅から田端駅までは、古東京川がつくったどでかい谷に泥がたまった**沖積平野**の西端で、上野駅と田端駅のあいだはすぐ西に**洪積台地**のM面である本郷台があり、その崖下を電車は走っている。池袋駅は洪積台地のM面である豊島台、新宿駅は洪積台地のS面である淀橋台《よどばしだい》である。断面図の図1－6を見ると高低差がよくわかる。地面より高いところにある渋谷駅を出た電車は洪積台地のS面である白金台地に来ると地下にもぐり、目黒駅は地下にある。目黒から五反田はS面から沖積平野に一気に下りるため、電車に乗っているとき注意していると、電

車がじょじょに下っていくのがわかる。五反田から田端駅まで沖積平野を走り、そこからじょじょに電車は上っていき、池袋駅でM面まで上り、神田川の沖積低地である高田馬場で少し下がってから、新宿で最高地点のS面まで上る。新宿では陸橋からその下をJRが走っているのが見える。そして新宿から渋谷までまた下がっていくのである。

新聞やテレビのニュースを見ていると、ときどき、この氷河時代がつくった地形の高低を思い起こさせる事件に出くわすことがある。たとえば、女性のスカートの中を盗撮する事件である。そのとき、その事件がどこでおきたかを見てみると、その多くは洪積台地に刻まれた沖積低地、すなわち、東横線では渋谷、中目黒、都立大学駅に集中する。ある芸能人が女性のスカートの中を盗撮して、「『耳にタコができる』をもじって、『ミニにタコができる』というギャグ映像を撮ろうと思った」という言い訳をしていたが、彼が捕まったのは都立大学駅であった。それらの駅は改札からホームまで長い階段を上らなくてはならない。犯人は改札前で物色し、そのあと、長い階段を利用するのである。洪積台地に挟まれた沖積低地の駅では女性は要注意である。

これまで述べたことで、**副都心**で高層ビルを建てるとすれば、どこが建設費が安く済むかおわかりになるだろう。12〜13万年前に形成された高台の新宿がもっとも地面が硬いので、一番安い。その次が5〜8万年前にできたM面の池袋。一方、2万年前の氷河時代に河川の下刻作用で掘られた谷に、その後泥がたまった沖積低地である渋谷、品川、上野は、高層ビルを建てるのに建築費がかさむ。

図1-7に示すとおり、**沖積層**より**洪積層**のほうが地盤がしっかりしている。とくに東京の場合、東京礫層とよばれる礫層が西に浅く、東に深く斜めに堆積している。高層ビルはこの礫層まで基礎くい（支柱）を打って建てる。基礎くいの長さが長いほど建設費がかかる。渋谷にも高層ビルがあるが、谷底から少し離れた谷の端に建っている。鉄鋼や石油化学の**コンビナート**も重量が重いため、沖積層の上では沈んでいってしまう。そのため、沖積層が厚い、荒川、江戸川、隅田川の河口のほう、すなわち東京寄りではなく、洪積台地の下総《しもうさ》台地のほう、千葉、市原、木更津、君津にコンビナートが立地している（図1-7）。

一般に洪積台地は「**山の手**」、沖積平野は「**下町**」とよばれている。人は古くから水が得やすい低地の沖積平野に住みはじめた。したがって、東京では、台東区や江東区など、上野や浅草のほうに最初に人が住み、そのため沖積平野の下町は古くから開発されて、家がごちゃごちゃと密集している。一方、洪積台地は水が得にくいため、開発が新しい。しかし、上下水道が整備されれば、洪積台地は地盤が強いので**地震**の影響も小さく、高台なので**洪水**の影響も受けにくい。そして、新しく開発されたため、敷地が整然として広く、緑も残された閑静な住宅地となり、目黒区や世田谷区など武

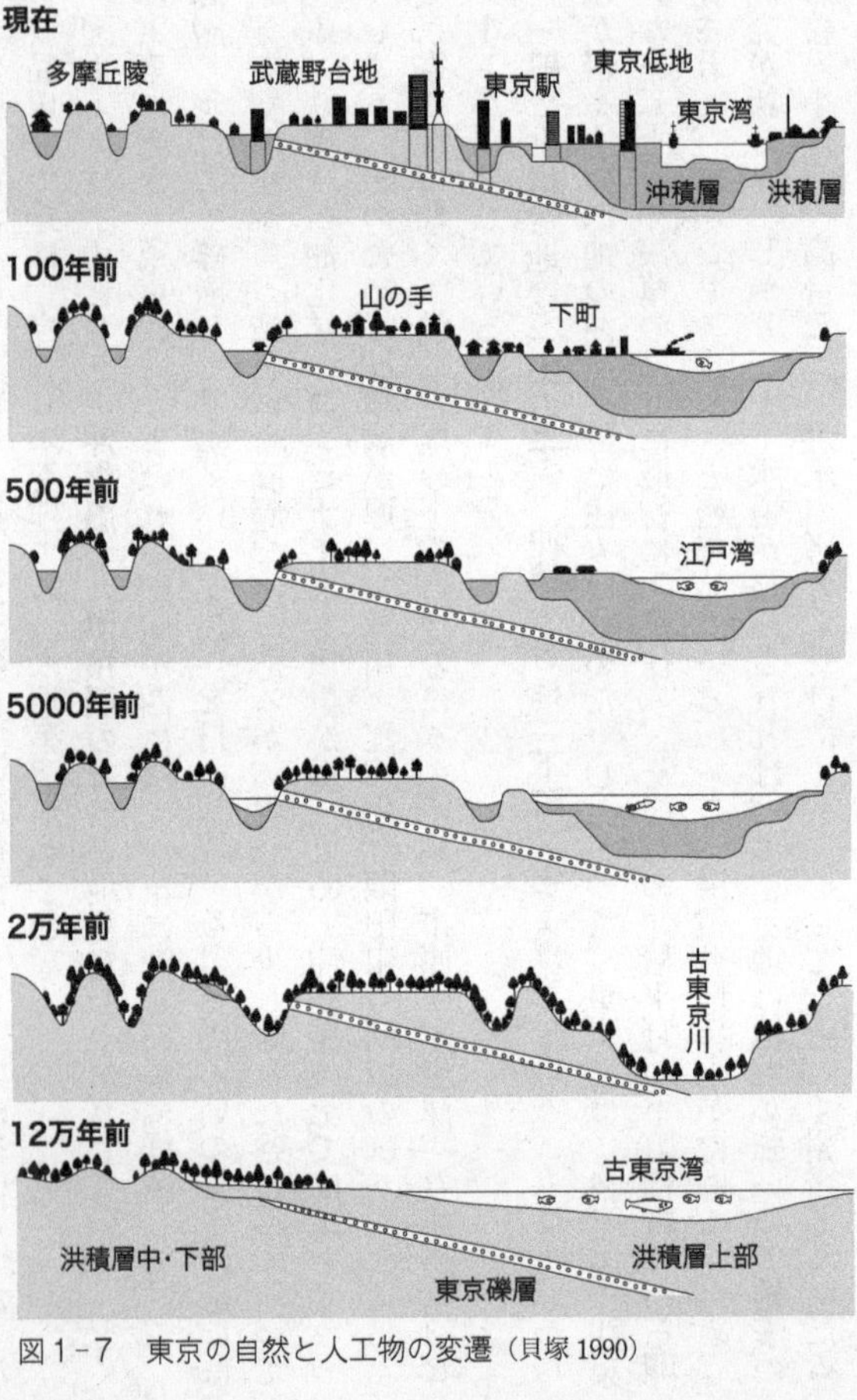

図1－7　東京の自然と人工物の変遷（貝塚 1990）

蔵野台地は「山の手」＝高級住宅地となっているのである。

このように山手線や東横線に乗っているだけで、東京の地形の成り立ちや形成時代がわかる。私は大学院の修士課程を札幌で過ごし、博士課程に入るため東京にやってきた。しかし、その初年度は研究生であったため奨学金も受けられず、当時東京都立大学があった都立大学駅近くのボロアパートに住んでいたが、高級住宅地で家賃もべらぼうに高く、極貧生活を送っていた。東京に来てガールフレンドを作ろうと思い、気になる女性を誘ったものの、彼女が行きたがるディズニーランドに行くお金もなく、「それよりもっとおもしろいアトラクションがある」といって150円で山手線を1周して、図1-5や図1-6をもって、彼女に説明した。自分としてはとてもおもしろかったのだが、彼女はまったく興味を示さなかった。これはあまり女性受けしないようである。

このような**沖積平野**と**洪積台地**の地形の特徴を電車の車窓から把握できる路線に、名古屋のJR中央本線がある。図1-8は貝塚先生がお作りになった東京版に対して、私の名大時代の指導教官である井関弘太郎先生がお作りになった名古屋版である。この図が示すように名古屋駅は低地の沖積平野にあるため高架ホームになっており、そこから中央本線は洪積台地の熱田《あつた》台地を横断する。横断中は切り通しの掘割の中を電車は走っていく。建物や人は上のほうに見える。金山《かなやま》駅のホームも地下に降りて掘割

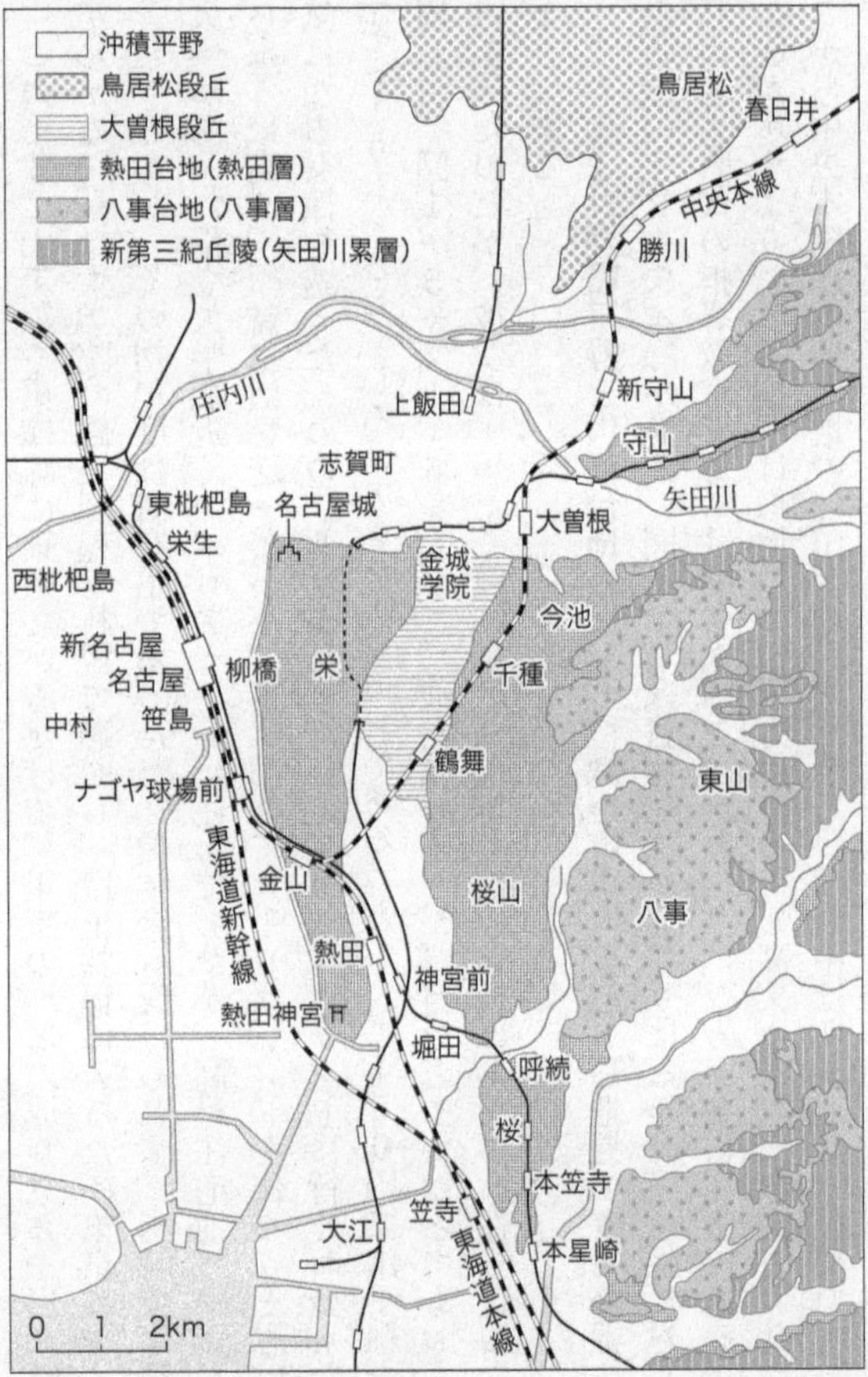

図1-8　名古屋市域の地質概略図（井関 1994）

の中にある。金山駅を出てしばらくすると山崎川がつくる沖積平野に出て、またしばらくすると洪積台地の大曽根《おおぞね》段丘を横断し、さらに熱田台地を横断し、千種《ちくさ》駅も地下の掘割の中にある（写真1－1）。そして、庄内川がつくった沖積平野に出て大曽根に到着する。熱田台地はいまから5～15万年前にできたといわれ、周辺の沖積平野より6～10ｍ高い。そのため、名古屋城はまわりが見渡せる熱田台地の北西隅に建設さ

写真1－1　地盤より下にある千種駅　熱田台地の掘割の中を電車が走るため、千種駅は周りの地盤より下に位置している

れた。**縄文時代**に海面が上昇して陸地の奥まで海が浸入することを「**縄文海進**《じょうもんかいしん》」というが、縄文海進最盛期には、海は名古屋城がある場所の北をまわり、大曽根付近まで入っていた。そのため、大曽根付近にある金城学院中学校の場所には縄文中期の**長久**《ちょうきゅう》**寺**《じ》**貝塚**があり、アサリやカキ、シオフキなどの貝殻が堆積していた。熱田付近の熱田台地の西側の崖は、5000～6000年前ごろの縄文海進の際に波の侵食でできた海食崖《かいしょくがい》である。熱田神宮が創建された6世紀ごろは、そこが海岸であり、古墳時代後

半の5世紀半ばごろからさかんであった海上ルートの開発により、伊勢湾の最奥部を占めるこの地の重要性が高まったのであった。

大阪平野でも同様に地形の成り立ちを見てみると、図1-9のように示される（成瀬 1985）。

海抜5mの線は6000年前の海岸線とほぼ一致し、海抜5m以下の地域は6000年前以降（縄文海進の後の海退期）に淀川・大和川・猪名川《いながわ》・武庫川《むこがわ》などが三角州をつくりながら内湾を埋め立てていってつくられた低地にあたる。この低地は上町《うえまち》台地から北に長く延びる砂州（天満《てんま》砂州）によって二つに分けられる。東半分は河内《かわち》平野（東大阪平野）で、縄文海進後に天満砂州によって区切られてできた大きな潟湖《せきこ》が、淀川や旧大和川の堆積物で埋め立てられた場所で、近世まで池や沼沢地の多い湿地帯であった。西半分は大阪・武庫海岸低地と呼ばれ、かつての海岸線（5m線）の北側に接して伊丹台地や池田豊中台地があり、台地南縁の一部に縄文海進時の波で削られた海食崖が見られる。大阪海岸低地は天満砂州を横切って大阪湾に注いだ淀川がつくった、14世紀以降の新しい三角州平野である。海抜5m以上の沖積平野の主要河川沿いでは、自然堤防と後背《こうはい》湿地からなる自然堤防地帯（氾濫原《はんらんげん》）となっている（成瀬 1985）。

もう少し時代を細かく見ていくと、約9000年前に現在の大阪湾岸近くにあった

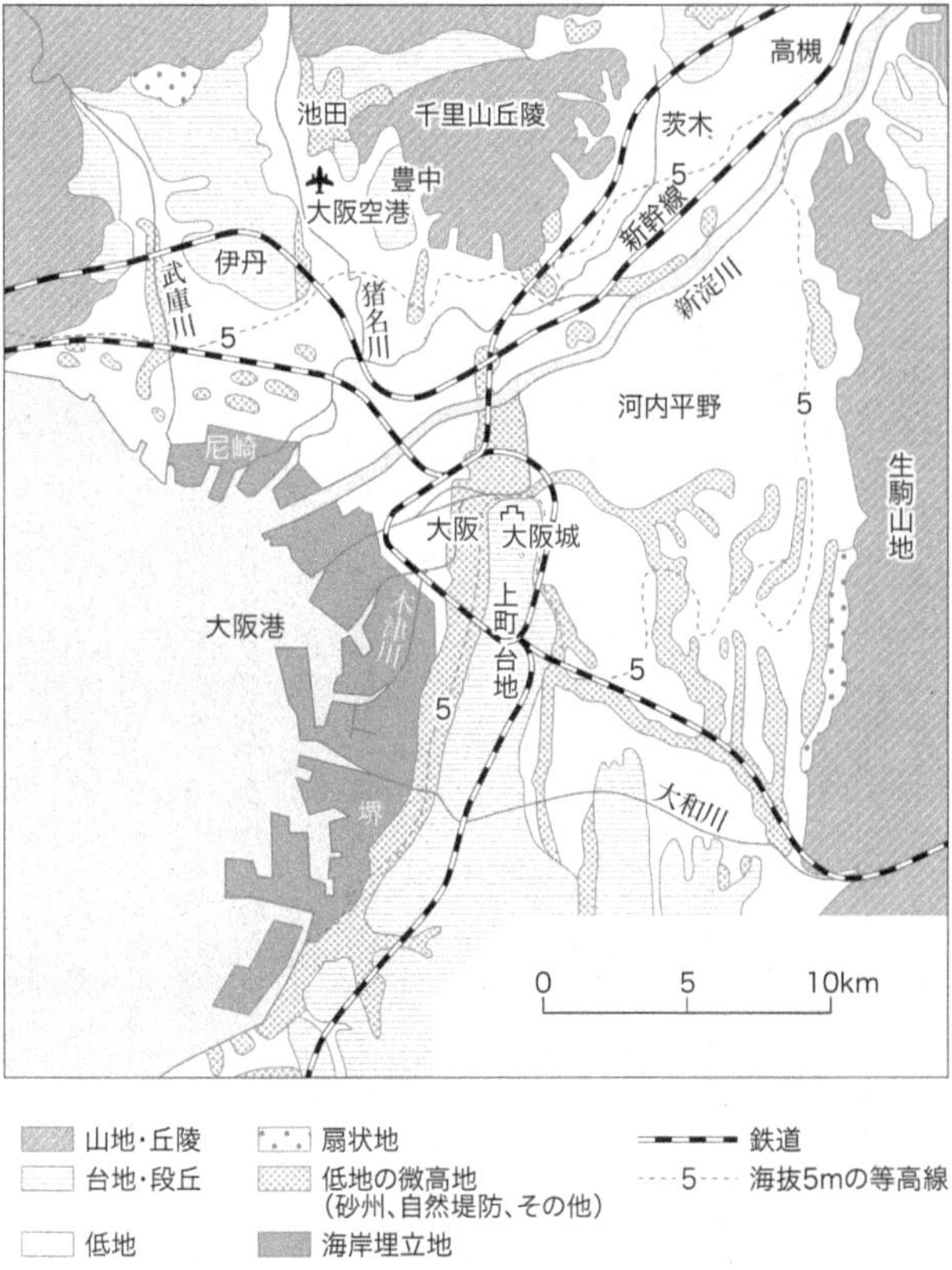

図1－9　大阪平野の地形（成瀬 1985）

海岸線は、現在より7000〜6000年前には20㎞以上内陸にある高槻《たかつき》から生駒山麓まで達し、河内平野は一つの大きな内湾（河内湾）となった。その証拠として、河内平野中央部の大阪市鶴見区茨田《まった》・諸口《もろくち》や門真《かどま》市三ツ島から6000年前頃の内湾性の貝やクジラの骨が出土したことがあげられる。6000年前頃から海面は次第に低下し、海岸線が前進していった。6000年前頃から上町台地の西側海岸で海食崖ができ、削られた土砂は台地の北のふもとの波食台の上に砂州（天満砂州）をつくり、砂州は5000〜4000年前頃には次第に北へ延びて河内湾の出口を狭めていった。湾の北東の隅からは淀川が鳥趾状《ちょうしじょう》三角州をつくって前進し、旧大和川の三角州も南東から延びて、河内湾は縮小していった。3000〜2000年前頃には天満砂州と淀川・旧大和川三角州の発達により、河内湾は水域が狭まるとともに湾奥部に淡水域が現れ、潟湖となった。その証拠として生駒山麓の日下《くさか》遺跡の貝塚がほとんど淡水棲のセタシジミであることがあげられる（成瀬 1985）。

1800〜1600年前には淀川三角州の先端は天満砂州に近づいて、河内湾はほぼ完全に淡水湖となり、その証拠として、天満に近い森ノ宮遺跡などでセタシジミなどの淡水貝が出土している。河内湖はさらに縮小して中世には北東側に深野池《ふこのいけ》、南西側に新開池《しんかいいけ》という二つの大きな池になった。新開池や深野池は江戸時代に行われた大和川の付け替え工事と新田開発により消滅した。現在、河内湖の名残をとどめるのは門真市の弁天池と大東市の深野池（近年、再度水田地帯に遊水地として掘削された）のみである。

1600年前頃、砂州の付け根が自然に切れて湖水は砂州を横断して直接大阪湾に注ぐようになった。この切断箇所はその後に人工的に掘り下げられて淀川の本流となる。大阪湾沿岸では、2000年ぐらい前から尼崎から大阪南部にかけて海中に沿岸州が形成され、その後の海退によって14～17世紀頃には平野の一部となる。それ以降は沿岸州の外側に河川の三角州が発達し、船場、道頓堀から西の大阪海岸低地や武庫海岸低地が離水した。江戸時代には干拓によってさらに海岸線が前進し、現在の大阪平野が成立したのである（成瀬 1985）。

写真1-2　上町台地の縄文海進時の海食崖には七つの坂があり、その一つの清水坂（きよみずざか）

大阪城の場所のすぐ南には、645年の大化《たいか》改新《かいしん》によって上町台地に新たな王宮や政治機関が移り、首都の機能を集中させた難波宮《なにわのみや》が建設された。また、天王寺あたりでは、上町台地の西側に縄文海進時の海食崖が見られ、そこには天王寺七坂《ななざか》と呼ばれる七つの坂があり（写真1-2）、坂が低地と台地を結んでいる。

なぜ大阪駅は階段やスロープが多いのか？

――地下水と地盤沈下

かつて東京、大阪、名古屋などでは昭和30～40年代の**高度経済成長期**に**地盤沈下**が問題になった。なぜ、工業用水をくみ上げすぎると地盤沈下が生ずるのであろうか？ビール工場や製鉄所などは、その材料となる水や、鉄を冷やすための水を大量に必要とし、水道水を使用すれば経費がかさむため、大量の**地下水**をくみ上げて使用していた。水は泥層には流れず礫層を流れる。そのため地中深くにある礫層まで井戸を掘って水をくみ上げるのだが、くみ上げすぎると礫層の水圧が下がって、上方の泥層から井戸の側壁をたどって水が下方にしみ出してくる。図1－10に示すように、同じ大きさのコップがあって、そこに砂と礫を入れて30分くらいかけてゆっくり水を入れたら、どちらがたくさん水が入るだろうか？ 答えは、砂を入れたコップの方がたくさん水が入るのだ。一見、礫の方は隙間が多くて水がたくさん入るように思えるが、一定体積あたりの隙間の率を間隙率《かんげき》といい、間隙率は粒子が細かい物質ほど高く、すなわち水をたくさん含むことができる。代表的な地層のおよその間隙率（％）は、泥粘土45、砂35、礫25、砂礫20である。礫と砂を拡大してみると、一つ一つの隙間は礫の方が大

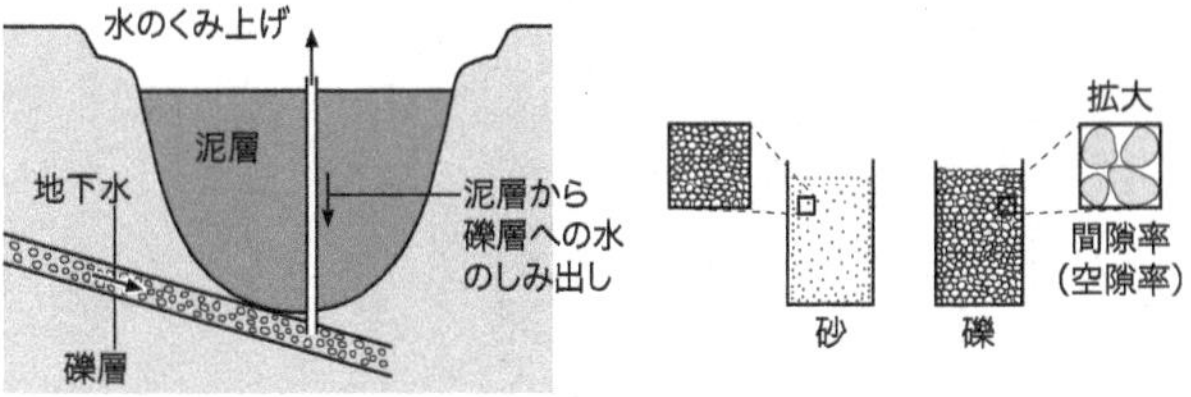

図1-10　地下水のくみ上げと地盤沈下

きいが、その隙間を全部足しあわせると砂の方が大きいのだ。すなわち、礫層で水をくみ上げすぎるとその水圧が下がって、もっとたくさん水を含んでいる泥層から井戸の側壁をたどって水が下方にしみ出てくる。泥層から水がしみ出せば、その分だけ体積が減り地盤沈下がおきる。

スポンジに含んだ水を絞っても、またバケツに入れた水の中に突っ込めば、そのスポンジはまた水を含むことができる。一方、新しい紙粘土を買ってきて、それを覆っているセロハンをはがして太陽の下で一日乾かせば、カリカリに乾き、水分が抜けた分だけ収縮する。その紙粘土をバケツの水につけても元には戻らない。つまり、粒子の粗い礫層から水を取っても、その礫層に水が涵養《かんよう》されればつねに礫層には水が流れる。しかし、粒子の細かい泥層から水が抜けると、いくら地表に降る雨で水が涵養されても元には戻らず、水が抜けた分だけ体積が減ったままなのだ。したがって、大量の地下水をくみ上げると、それにともなって地盤が沈下し、元には戻らない。

大阪駅の構内には、やたらと階段やスロープがある。昭和20年代後半に大阪駅はいたるところで地盤沈下をおこしていたからだ。駅の東端では最大で1・8mも沈下した。大阪駅のある梅田は、その語源である「埋め田」が示すように泥層で、その地中約30mの深さに天満砂礫層があった。ところが駅を支える基礎くいが天満砂礫層まで届くいと、泥層までしか届いていないくいとが、ごちゃまぜに打たれていたため、地盤沈下に差が生じていたのだった。駅の移転も考えられたが、結局すべてのくいを砂礫層まで届くくいに交換するという、とてつもない大工事をほどこした。このことはかつて朝日新聞で記事になったことがある。それによれば、直径1・2mの穴に人間が入って、スコップで土砂をかき出しながら地中を25m掘り進めるという難工事だったようだ。1957年までの5年間で計245本のくいが打たれて地盤沈下は止まったという。その後地下水のくみ上げ規制法（建築物用地下水の採取の規制に関する法律、1962年）が制定され、大都市圏での地盤沈下は沈静化していった。

最近は温泉ブームで都心でも**温泉**が掘られている。しかし、火山地帯にある箱根や別府などの火山性の温泉と都心の温泉は異なる。地球内部は深いほど温度が高くなるので、地中深ければ深いほど地下水の温度は上がる。それをくみ上げれば温泉なので、都心でも温泉が掘れるわけである。名古屋近郊で三重県桑名市長島町にある長島温泉は、1963年に大谷天然瓦斯による天然ガス探査中に温泉にぶちあたり湧出した。

井戸の深さは１３００～１８００ｍあり、源泉温度は約60℃、湧出量は一日１万トンにおよぶ長島温泉はナガシマスパーランドを併設し、名古屋近郊の一大観光地となった。極東ロシアの若者が日本を訪問する最大の目的は、日本一の高さと落差のジェットコースターがあるこのナガシマスパーランドにあるらしい。この温泉としての地下水の存在が注目され、その地下水は地表から深い三重県のほうから浅い名古屋のほうに向かって斜めに延びていることがわかった。１９６６年に愛知県海部《あま》郡蟹江《かにえ》町で温泉の掘削に成功し、深さ１０８０ｍで52℃の温泉が得られ、尾張温泉が成立した。さらに１９７２年には名古屋市中川区で地下１１００ｍからくみ上げ、源泉温度が42℃の温泉が得られ、大名古屋温泉が開業した（２０１４年3月閉業）。これらはすべて火山性ではないため、単純温泉（温泉水１kg中の溶存物質の含有量が１ｇ未満の温泉で、無色透明・無味無臭）である。

地震に強い家を建てるにはどこがよいのか？
――河川がつくる地形

川は山の谷間から出てきたときには礫と砂と泥を運んでくるが、まず最初に一番重い礫を堆積させる（図1－11）。山と山に挟まれた谷間を流れていた川は、平野に出るとホースの水をまき散らすかのように、礫を扇状に堆積させる。これが**扇状地**である。図1－12は滋賀県の百瀬川《ももせがわ》扇状地の地形図（国土地理院2万5千分の1地形図「海津」）である。扇状地は砂礫の堆積した扇形の地形で、扇の要の部分を**扇頂**《せんちょう》、中央部を**扇央**《せんおう》、先端を**扇端**《せんたん》とよぶ。礫からなる扇状地を流れる水は地中にしみ込むため、扇頂部で地表を流れていた水は扇央では地中を伏流する。図1－12の地点Aが、地表流が伏流する経過地点にあたる。そして、扇状地の扇端部になるとすでに礫はなく、残った砂と泥が堆積する。地中を伏流していた川の水は砂と泥の層を流れることができずに地表に出てくる（図1－12の地点B）。扇端部では古くから湧水が利用できるため新保や中庄、大沼、深清水などの集落が立地し、水にちなんだ地名が見られる。扇央部は水はけがよいため果樹園（○の記号）になっていて、ここでは現在富有柿《ふゆうがき》が作られている。

川は洪水で氾濫するたびに川のすぐ脇に重い砂を堆積させ、泥水は遠くに流れる。そのため洪水による河川の氾濫のたびに、川に沿って砂の高まりができていく。これが**自然堤防**である（図1－11下）。自然堤防ができていくと、洪水で川が氾濫して自然堤防を越えた泥水は元の川に戻らない。したがって、自然堤防の背後には湿地ができ、**後背湿地**とよばれる。この自然堤防と後背湿地はセットでできているため、両者をあ

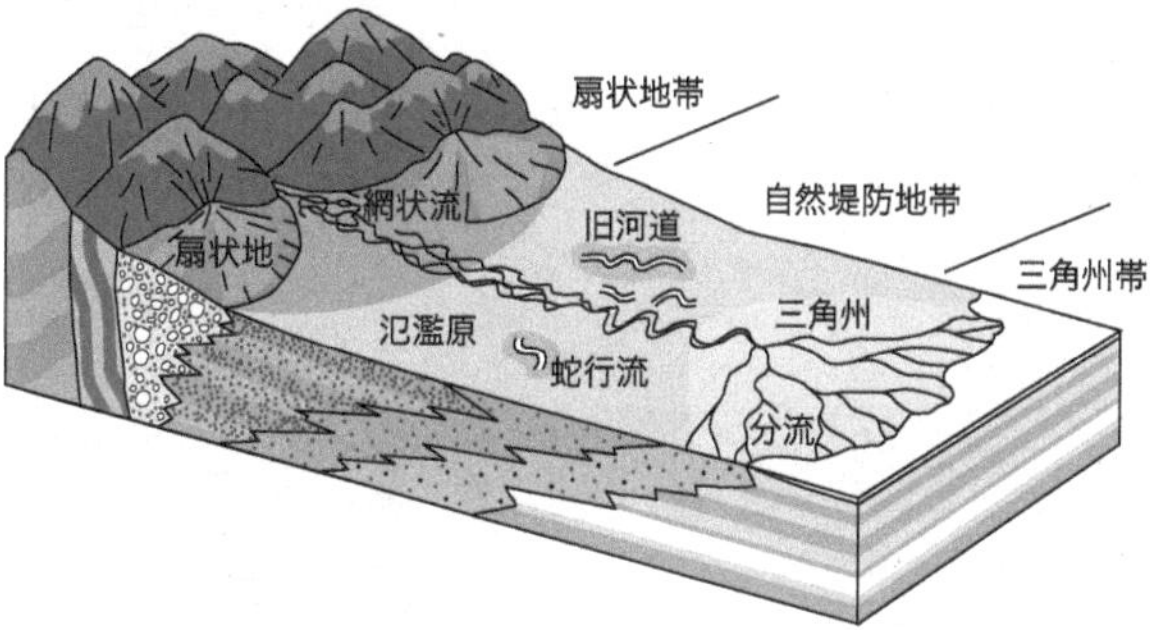

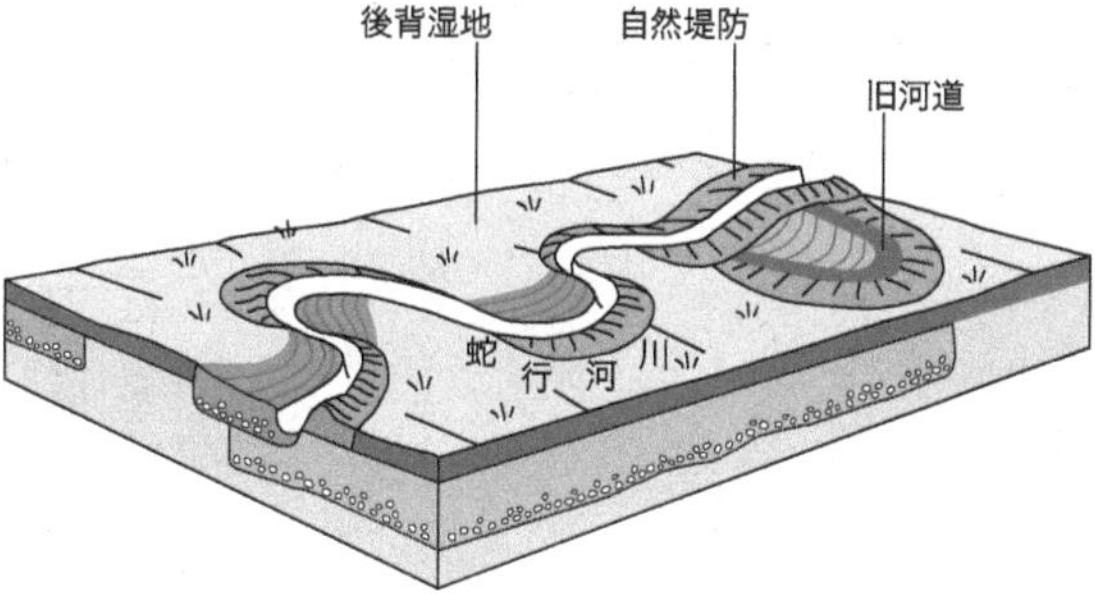

図１-11　典型的な河成平野の模式図と自然堤防地帯の微地形（植村 1999）

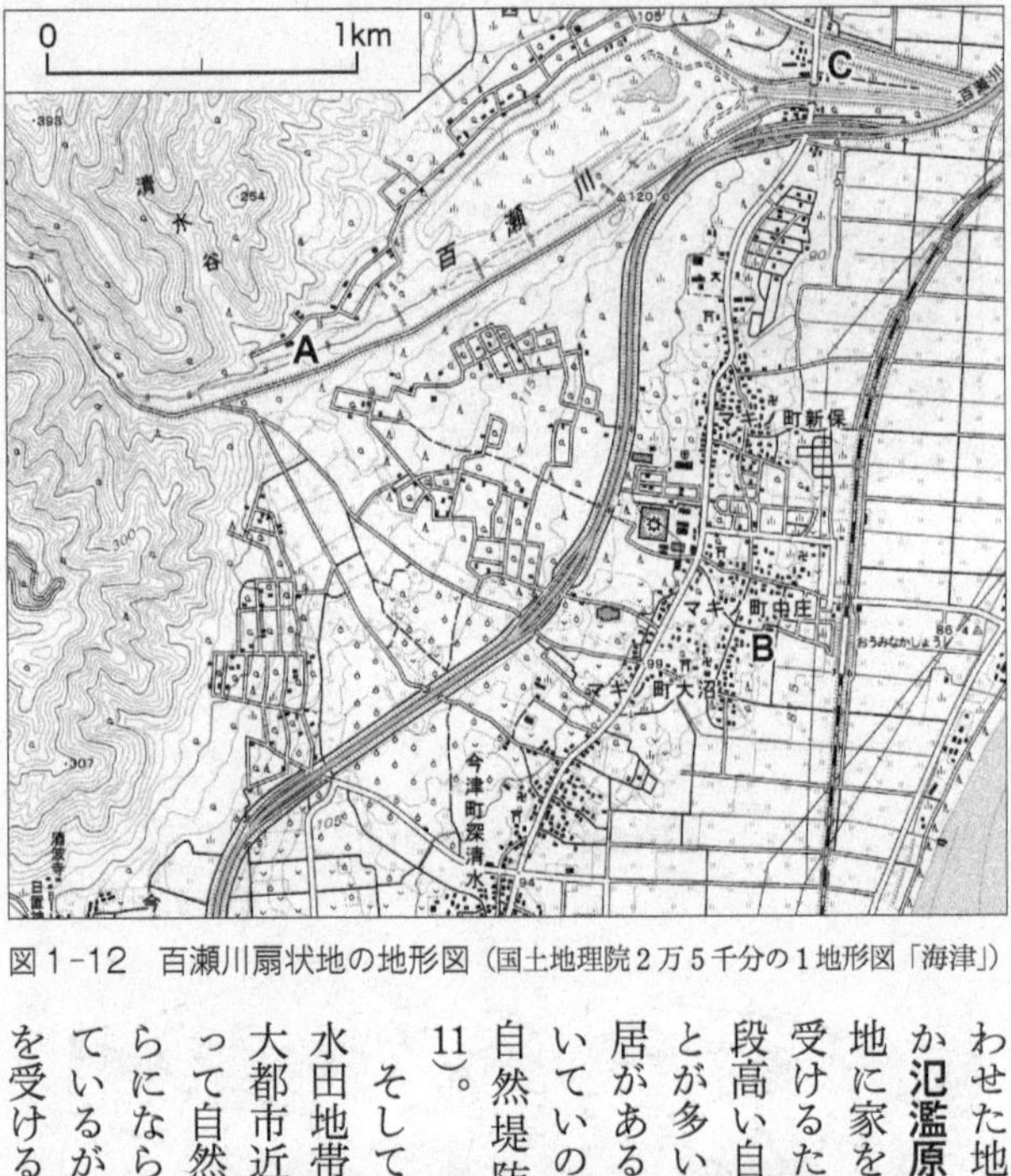

図1-12　百瀬川扇状地の地形図（国土地理院2万5千分の1地形図「海津」）

わせた地形を**自然堤防地帯**とか**氾濫原**とよぶ。この後背湿地に家を建てると洪水の害を受けるため、住居や道路は一段高い自然堤防の上にあることが多い。後背湿地の中に住居があるように見えても、たいていの場合そこは旧河道の自然堤防上である（図1-11）。

そして、後背湿地は昔から水田地帯になっていた。近年、大都市近郊では宅地造成によって自然堤防と後背湿地が平らにならされて住宅地となっているが、**地震**がおきて被害を受けるのは後背湿地に建てられた家である。なぜなら、後背湿地は泥の層だが自然堤防は砂の層でできているので、砂の層のほうが地盤としては強いからだ。大都市付近の場合は**国土地理院**が**土地条件図**を発行しており、ネットから閲覧や購入ができる（国土地理院ホームページあるいは「土地条件図」で検索）。それを見れば、そこがかつて自然堤防だったのか後背湿地だったのかがわかるので、家を建てたり、買ったりするときは、かつての地形を知っておくとよい。近年、氾濫原の宅地造成が進み、水田が減少している。後背湿地の水田は**洪水**のときに水が一時的に流入する**遊水地**《ゆうすいち》（**池**）であった。つまり、洪水調節の役割を果たしていたが、水田が減ることにより水害の影響が大きくなったのである。

扇状地や自然堤防地帯には、**天井川**《てんじょうがわ》が見られることがある。天井川とは、河床面が周辺の平野面より高くなっている河川のことをいう。よく氾濫して砂礫の供給堆積がさかんな河川では、河道を堤防で固定化すると、堤防内に砂礫が堆積し河床が高くなり、ふたたび氾濫をおこす。これを防ぐために堤防をさらに高くすると、さらに堤防内に砂礫が堆積して、河床が高くなり氾濫をおこす。この繰り返しで河床はどんどん高くなり、周辺の平野面より著しく高い河床をもつ天井川が形成される。図1-12の地点Cを見てみると、百瀬川が道路より高いところを流れていて天井川になっているようすがわかる（写真1-3）。このような天井川ができている河川としては、京都盆地南部の木津川《きづがわ》支流河川、近江盆地南部の草津川などがある。

河口付近になると川は分流し、海底に砂泥を堆積させ、それが地表にあらわれた地形である**三角州**をつくる（図1－11上）。形が三角形のようなので三角州とよぶが、ギリシア文字のデルタ（Δ）に似ていることから**デルタ**ともよばれる。一般には、ナイル川のデルタのように川が河口付近で分流して海岸線が円弧状である**円弧状三角州**をつくるが、河川の搬出土砂量が多く、海や湖の沿岸流や波食作用などが小さい場合には、枝分かれした河道に沿って自然堤防が延長し鳥の趾《あし》のような平面形を示す**鳥趾状三角州**になる。これはミシシッピ川下流域に見られる。三角州の前面に海食作用が強く働き、本流の河口付近だけ堆積作用がさかんだと、海岸線が尖状《せんじょう》の**カスプ状**（**尖状**）**三角州**ができる。

川はこのように上流から下流に向かって、**扇状地**、**自然堤防地帯**（氾濫原）、**三角州**という順に地形が形成される。利根川は関東平野、淀川は大阪平野、木曽川は濃尾平野をつくり、そして扇状地、自然堤防地帯（氾濫原）、三角州を形成して広大な平野をつくり人口密集地となった。木曽川を例にとれば、扇状地の扇頂が犬山あたりで、東海道線が木曽川をわたる鉄橋付近が扇端で、そこから約6000年かかって木曽川が運ぶ土砂が海に堆積して三角州が拡大した。そして三角州が海に向かって前進するにつれ、扇状地と三角州のあいだの自然堤防地帯（氾濫原）が拡大し、奈良時代に海岸線があった津島あたりまでが現在の自然堤防地帯（氾濫原）となっている。その後さらに海岸線は十数㎞前進して、そこが現在の三角州である。

一方、富士川や黒部川などは扇状地の先が未発達であり、広い平野をつくることなく、大都市も成立していない。このように河川によって扇状地、自然堤防地帯（氾濫原）、三角州が形成されるか、扇状地で終わってしまうかの違いがあるのは、何によっているのだろう？　それは海岸線近くの海の深さである。富士川や黒部川、大井川は海岸近くですぐに水深が深くなる。また、海岸線近くまで山が迫っている。山間から出てきた川は礫を堆積させて扇状地をつくり、その次に砂と泥で氾濫原をつくるのだが、川は海に出るときに水深が浅ければ海底にじょじょに砂を堆積させ、それが地表にあらわれたら三角州や氾濫原の成立となる。しかし、水深が深いと川が運んできた砂や泥は流されてしまい、海底に堆積しない。つまり、氾濫原が成立しにくいのだ。富士川、黒部川、大井川は扇状地が直接深い海に臨んでいる。木曽川や荒川、多摩川などは上流から扇状地―自然堤防地帯―三角州が形成され、三角州は伊勢湾や東京湾など浅い海に臨んでいる。こ

写真1－3　百瀬川は道路より高いところを流れていて天井川になっている（百瀬川の下をトンネルで道路が横断している）（図1－12、地点C）

れが大きな平野を発達させ、大都市を立地させた要因なのだ。　海の深さは、高校のときに使った地図帳の海の青さの濃淡でわかる。

2011年に東北地方を大地震が襲った。そのときに、ディズニーランドのある浦安では道路の割れ目から砂と水が噴き出し、住宅は次々と傾いていった。ローンを組んで念願のマイホームを建てた人にとっては悲劇である。もしその人に自然地理の知識があれば、家を建てることはなかったかもしれない。浦安のような**埋め立て地**は地震がおきればそのような危険性をはらんでいることは最初から予想できたからだ。

それは、すなわち**クイックサンド現象**、**液状化現象**とか**流砂《りゅうさ》現象**とよばれるものである。平静時には土砂の粒子はその摩擦によって結合しているが、埋め立て地や河川跡地、河畔などのような地下水位の高い場所では、地震によって連続した震動を受けると粒子間の間隙を満たす水の水圧が増し、水の中を土砂が漂う状態すなわち液状化状態になり、地盤は不安定になって、その上の建物は傾いたり倒れたりして、地表の割れ目から水と土砂が噴き出すのだ。それが最初からわかっているディズニーランドは建造物の下の地中に頑丈な多数のくいを打って建造物を支え、地震時に備えていたが、それを行っていない駐車場はあちこちでひび割れができ、砂や水が噴き出した。

液状化は浦安市域の86%に及び、その被害は、市域の4分の3を占める埋め立て地の中町・新町地区に集中し、江戸川の自然堤防や三角州に立地した旧市街地の元町地区ではほとんどみられなかった。

１９６４年（昭和39年）におきた新潟地震の際、信濃川河畔に建っていた県営川岸町アパートが大きく傾いたり、横倒しになったりして、液状化現象が注目された（写真１－４）。

写真1－4　新潟地震（1964年）で液状化現象に見舞われた県営川岸町アパート（「液状化マップと対策工法」ぎょうせい）

1-2 山の地形

山はどのようにしてできたのか？
——日本列島は一つの大きな山脈

山はどのようにしてできたのか？　という疑問に答えるには、まず、山が**火山**なのかそうでないのかを分けてみる必要がある。火山は**マグマ**が噴出してできた山だが、そうでない山には、**地殻変動**で盛り上がった山や、堆積物が積み重なってできた山がある。

日本列島は大きく見れば一つの山脈である。**日本海溝**で**プレート**が潜り込むときに、プレート上にははるか南方の海山やサンゴ礁、古い陸地のかけらや堆積物などが載せられて運ばれてくる。それらは、海溝の部分で沈み込むことができず、アジア大陸の縁に南北に長くくっついてしまった。すなわち**付加体**《ふかたい》とよばれるものである。１７０0万年前ごろに日本海がじょじょに開き、１５００万年前には日本海の拡大がほぼ完成して、付加体からなる日本列島は大陸から離れ、現在の日本列島に近い形となった。

日本には氷河はないが氷河地形があるのはなぜか？

――氷河と氷河地形

現在、中部地方の高度2500m以上の山（北アルプス、南アルプス、中央アルプス）には、**氷河**がつくった地形である**カール**や**モレーン**が存在する。現在の中部地方には高度4000m付近に**雪線**《せっせん》がある（図1-13）。雪線とは、雪が溶ける量よりも積もる量のほうが多い高度の下限のことである。すなわち、雪線より高い山があれば、雪線の高度より上の場所では、雪が溶ける量よりも積もる量のほうが多いので、どんどん雪が積もって、みずからの重みで下のほうから雪の結晶が結合して氷になる。氷は地表を滑るので、氷河はじょじょに斜面下方に移動する。その速度は氷河によってさまざまで、一般には一日あたり数十cm～数mであるため、目で見るぶんには動いているようには見えない。

これまで日本には氷河は存在しないといわれてきた。近年になって、立山などで一部の**万年雪**が氷河ではないかという見解も出はじめ、その万年雪が移動しているかどうかを計測中である。万年雪か氷河かは、それが移動しているかどうかにかかっている。しかし、氷河時代には日本の高山には氷河があった。なぜそれがわかるかといえ

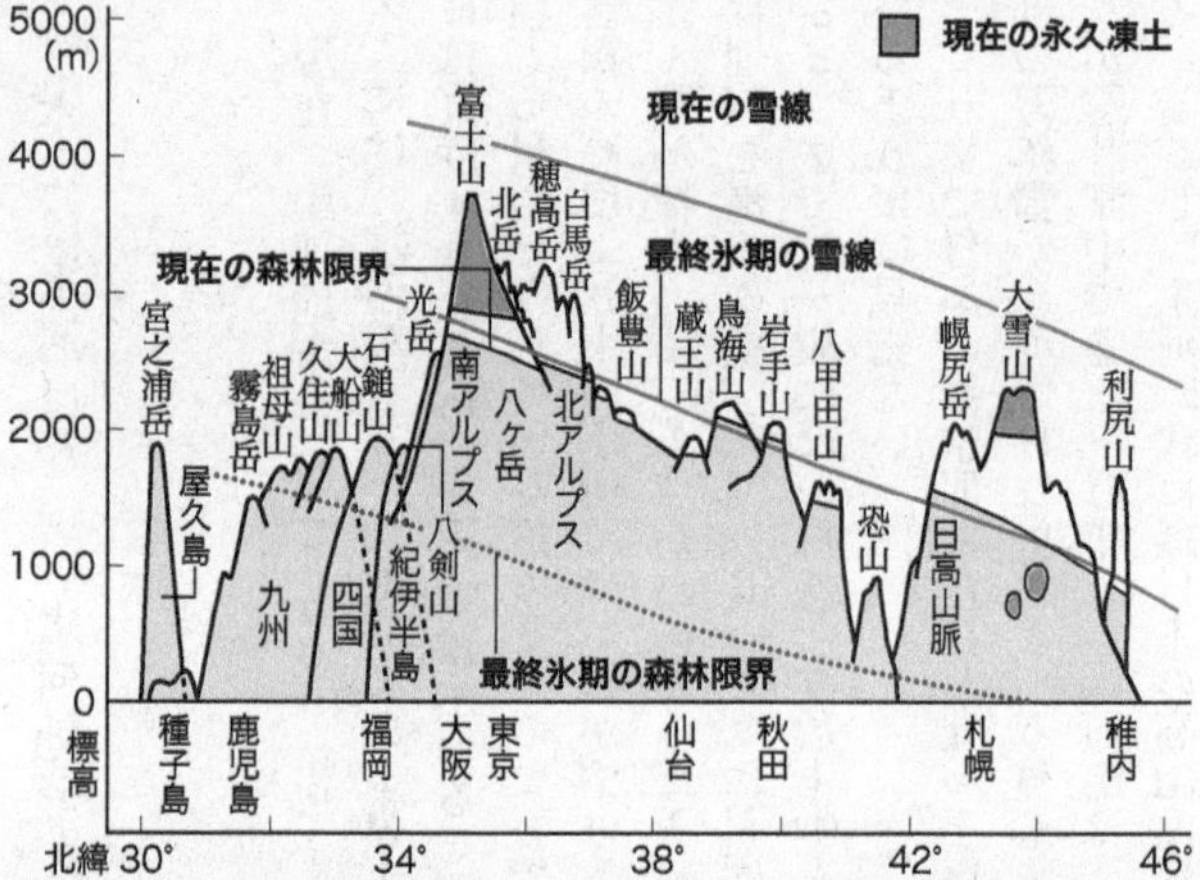

図1-13　高さと緯度で変わる山の自然（小疇 1991）　森林限界の高さは北の山ほど低くなる。この図では、森林限界や雪線が現在と最終氷期（約２万年前）のものを示し、永久凍土は現在の分布を示している

ば、日本アルプスや日高山脈に氷河が流れてできた地形であるカールやモレーンが存在するからだ。

最後の氷河時代である**最終氷期（ヴュルム氷期）**はいまから1〜7万年前にあったが、そのもっとも寒かった最盛期は2万年前である。2万年前には雪線はいまより1500mくらい下がって、日本アルプスでは標高2500〜2700m以上、日高山脈では標高1600m以上には氷河が流れ、**氷河地形**が形成された。

氷河は流れるときに地面をすり鉢状に削ってカール地形をつ

写真1-5　野口五郎岳のカール　モレーンの上はハイマツ、土石流扇状地の上は広葉草本群落や雪田植物群落、カール底は裸地になっている

くり、その削った砂礫をブルドーザーのように押し運び、温暖化すると氷河は後退しはじめる。つまり氷河が一番拡大したときの氷河前面に砂礫の高まり、すなわちモレーンを残す（写真1－5）。モレーンの位置から、かつての氷河の動態が推定でき、また、一番低い場所に形成されているモレーンの年代がわかれば、氷河がもっとも拡大したときの時代が判明する。

私は北大の修士課程から都立大の博士課程に進学してすぐのときに、明治大学の人たちが結成した日高探検隊のメンバーに混ぜてもらった。それは、氷河研究で著名な小疇《こあぜ》尚《たかし》先生およびその門下の院生・学生からなる、氷河地形を探求する研究グループであった。

日高山脈のカムイエクウチュカウシ山周辺の氷河地形の調査が探検隊の主目的だった。山の斜面に小高い高まりがあれば、モレーンの可能性がある。その高まりがモレーンかどうかは、その位置や形態からおよそ判断できるが、明確にするためにはさらに堆積物を調べる必要がある。そのとき、カール内には大きく平坦な岩があって、その上が黒く焦げていたが、福岡大生の遺体を荼毘に付した場所ではないかと想像した。

1970年7月、芽《め》室岳《むろだけ》からペテガリ岳に向けて日高山脈を縦走中だった福岡大学ワンダーフォーゲル部のパーティー5人が、カムイエクウチュカウシ山の九ノ沢カールでテントを張っていて、ヒグマに襲われ、その後も執拗に襲撃された結果、5人中3人が死亡する事件がおこった。獲得した獲物に対する「執着心が強い」という熊の行動特性によるものであり、最初にテントの外に置いてあったザックを漁った時点でそれはヒグマのものとして認識されたのだが、メンバーが取り戻したので襲ってきたものと考えられている。

私自身も大雪山で研究調査中にヒグマに遭遇したことがある。私は北大の大学院生だったときに、修士論文で大雪山の高山植生の立地環境について調査していた。それで頻繁に大雪山に入っていたのだった。ある日、登山道を歩いていると、30mくらい前方でヒグマが一生懸命ハイマツの実を食べている。ヒグマは私に気づいていなかったが、逃げると追いかけてきそうな気がした。また、よく言われるように「死んだふり」など、ヒグマを前にしてとてもできない。私はその場を動かず、じっとしていると、ヒグマが私の方を見たときに目が合い、そのとたんヒグマは一目散にハイマツの斜面を駆け下りていった。その速度の速いこと……追いかけられたらとても逃げ切れないと思った。

登山道を歩いていると、ぬかるんだ地面にくっきりとヒグマの足跡を見つけることがあるが、ヒグマは基本的に登山道を歩く。理由は歩きやすいから。また、秋になると稜線付近の「お花畑」の地面があちこちほじくり返されている。夏場は斜面下方に生息しているヒグマだが、秋になるとハクサンボウフウの根っこが好きなので、地面をほじくり返して食べているのである。

日本の山脈は南北に背骨が延びるように嶺が連なり、**脊梁山脈**《せきりよう》とよばれるが、氷河地形はその山脈の東側斜面に形成されていることが多い（図1-14　近年、より正確な氷河分布図が五百澤（2007）によって示されている）。つまり氷河時代に山脈の東側斜面に氷河が形成された。現在、冬には北西の**季節風**が吹いているが、氷河時代も同様に北西の季節風が吹いていたと考えられている。南北に延びる脊梁山脈では、冬に西よりの風が吹いてきて、雪を東側斜面のほうに飛ばす。したがって、稜線の西側は雪が飛ばされて地表が露出したり積雪が少ないのに対し、東側斜面は雪がどんどん積もって、氷河時代には氷河が流れた。そのため、東側斜面に氷河地形のカールやモレ

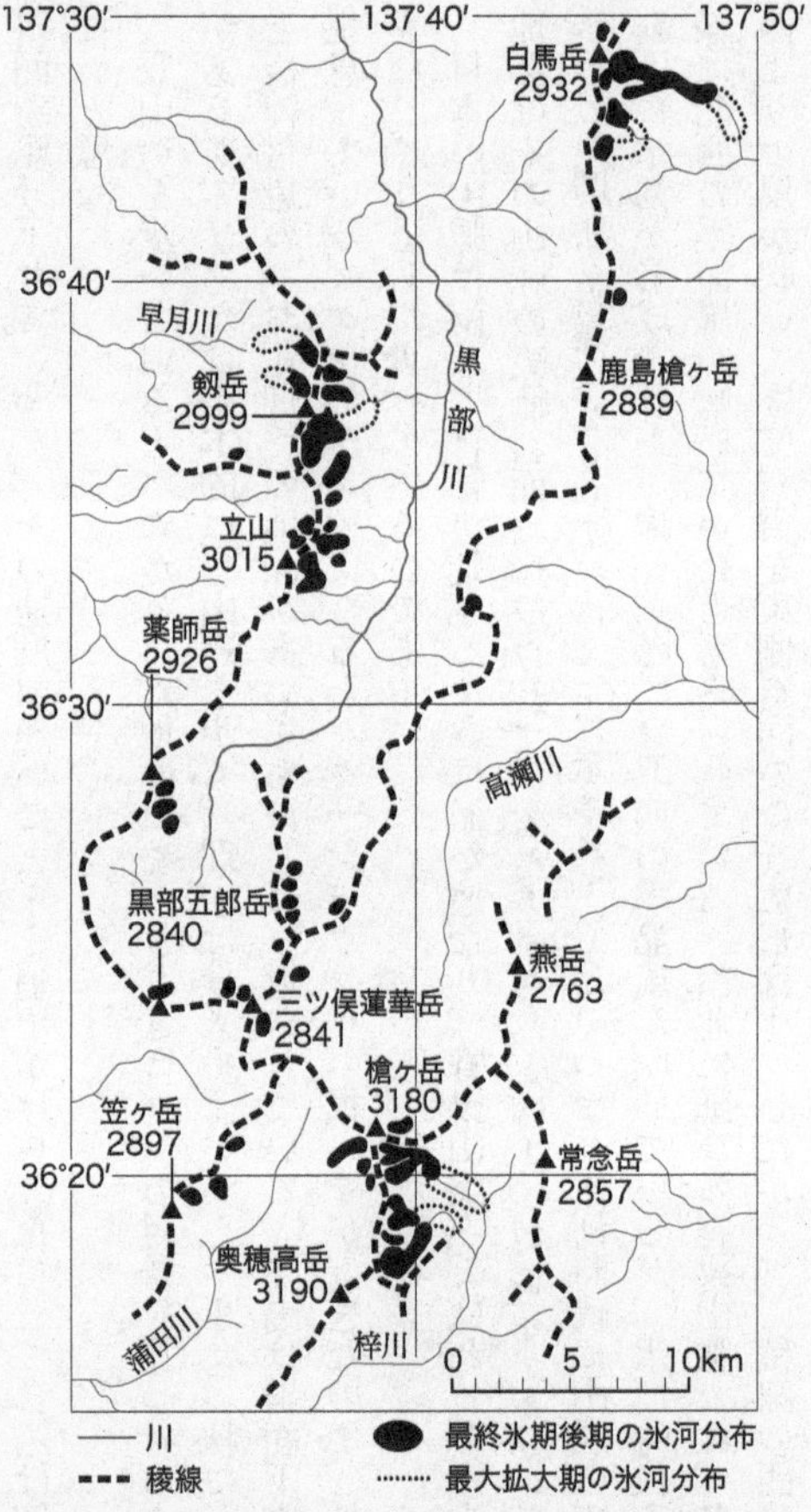

図1-14　北アルプスの氷河分布（小林 1977、貝塚 1977）

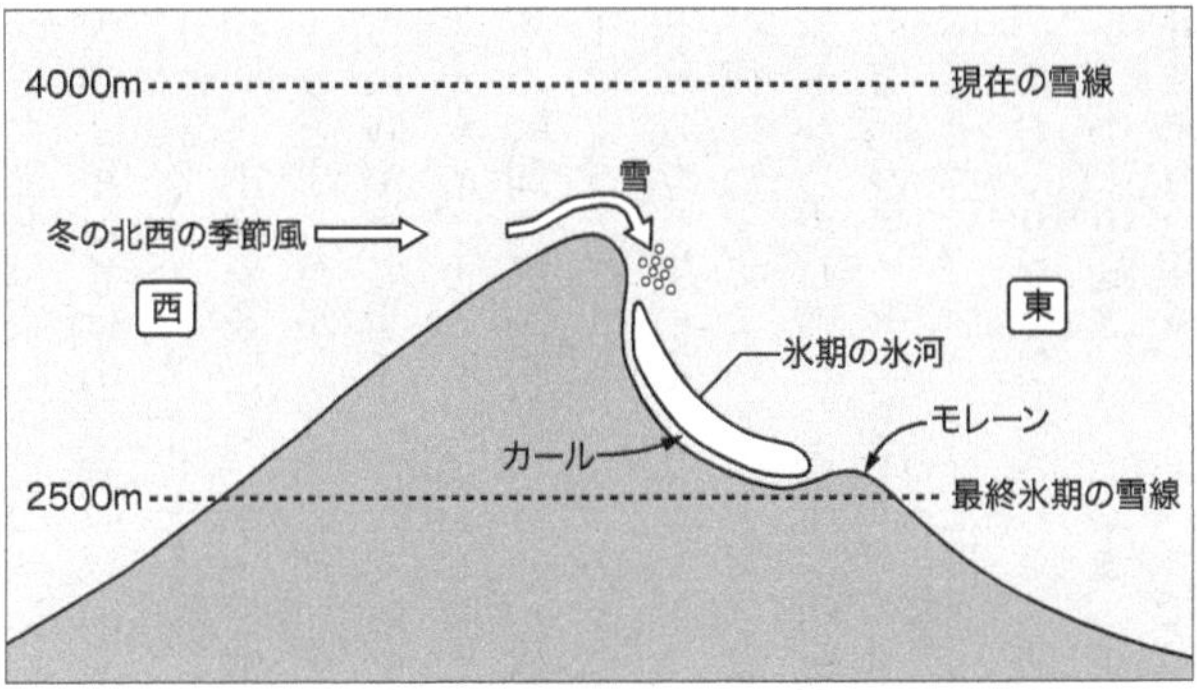

図1-15　日本アルプス（東西断面図）における最終氷期の氷河の形成と現在の氷河地形　雪線より高標高では雪が溶ける量よりも積もる量のほうが勝り、氷河が形成される

ーンが多く見られる（図1－15）。

　このようなカールやモレーンを**氷河地形**とよぶが、高度が3000m以上あるのに、富士山や御嶽山、乗鞍岳などには氷河地形が見られない。富士山が現在の形になったのは最近であり、氷河時代にはその前身の古富士火山が存在したが、その後の火山活動でそのころの氷河地形は破壊され、**溶岩流**や**火砕流**《かさいりゅう》に覆われたため、氷河地形は見られないのである。したがって、氷河時代以降の火山活動によって形成された新しい火山には氷河地形は存在しない。

　氷河地形の**カール**はすり鉢状になっているため、その上はモノが滑りやすい（図1－15）。それを体験した事例を二つ述べる。

　私は大学生時代、名大のワンダーフォーゲル部と社会人の山岳会の両方に入っていた。

女子大生との楽しい登山はワンゲルで、厳しい冬山は山岳会でと、使い分けていた。大学2年の冬は山岳会の登山で元旦を槍ヶ岳山頂で迎えることを目指していた。大晦日は猛吹雪のため一歩一歩歩くのが精一杯で、トイレに行く気力もなかった。それでずっと小便を我慢し、やっと槍ヶ岳肩の小屋（槍ヶ岳山荘）に着いたとき、小便をしようと思ったが、北西の強い季節風の風下では仲間たちがテントを張っていた。そちらに向かってするわけにもいかなかった。しばらくすると運よく一瞬季節風が吹き止んだため、その吹いていた方向に向かってたまったものを勢いよく飛ばした。しかし、その瞬間に風が吹き、らせん状の黄色い水の流れが風で押し戻され、私の頭にシャワーのように注がれたのであった。そこは零下の世界。頭の黄色い液体はシャーベット状になり、髪の毛を払うと、こぼれ落ちていった。

夜になってテントの中で夕食をとると、こんどは大きなほうをもよおしてきた。テントから少し離れた場所で用を済ませるべく、外に出た。本来なら靴の底には金属製の突起のアイゼンを履き、ピッケルをもって行くのであるが、寝る前なので面倒くさい。それで、スコップだけをもって移動したのだった。そして、ズボンとパンツを脱いでおしりを寒気にさらして気張った瞬間、片足を雪が凍っている部分にのせてしまい、おしりをまくったまま、槍沢カールを滑っていった。私は加速がつく前に必死に止まろうと焦り、スコップでなんとか止まることができた。滑り落ちた距離はわずかであったため、斜面を登り返すのにさほど苦労はなかったが、急に恐怖感に襲われた。もし、途中で止まらなかったらどんどん加速し、止めようがなく、止まるのは斜面下方の**モレーン**の上部に建つ槍ヶ岳殺生《せっしょう》ヒュッテの前であろう。夜なので、そこで凍死して、翌朝、おしりをまくったままで発見されたらと思うと……。翌朝、槍ヶ岳の山頂を登っているとき、ふと槍沢カールのほうを見ると、ほんとうにカールを滑り台のように滑って落ちていく人を見た。日中なので無事救出されたと思うが、カールはほんとうに怖い。

もう一つの事例は、それから2週間後の1月の成人式の祭日のころ。私は中央アルプスの宝剣岳の千畳敷《せんじょうじき》カールを、5人中先頭から2番目で登っていた。すると前方の雪面が崩れ、大きな雪の波が我々の頭上から襲ってきたのだった。一面が真っ白になって、自分が斜面下方に流されていくのがわかり、止まったかと思うと、雪の中である。口や鼻には雪が入って息ができない。必死になって、雪の中でザックを脱いで、明るいほうをめがけて両手で漕いで泳いでいった。雪から脱出して前方を見ると、はるか離れた場所に4人がいて、斜面下方の私のほうを呆然と見ている。私だけが流されたようだった。冬の新雪で表層雪崩がおきたのだった。そもそもカールのような雪崩がおきやすい地形を登ること自体間違っており、翌日は岩場をザイルを使って登っていった。とにかくものすごく荒れた天候の中の登山であった。

1週間前の山岳会のミーティングでは、私は北アルプス錫杖《しゃくじょう》岳登山のパーティーに加わる予定であったが、冬山の岩登りをするのがいやで、中央アルプスのパーティーのほうに寝返った。結果、錫杖のパーティーの2人は二度と生きては帰ってこなかったので、自分が抜けたことを後悔している（自分が参加していればパーティーの力量が落ちるので、無理をしなかったかもしれないと思って……）。

名大の文学部時代、遅刻して教室に入ると「出てけー」とどなる、とても怖い地理学科の井関弘太郎先生が、「今日は植村直己さんの講演が水研（水圏科学研究所、現・地球水循環研究センター）であるので、それを聴きに行きたい人は授業を休んでよい」と言ってくださった。私は世界的探検家の話が聴けると、喜び勇んで聴きに行った。その年、植村さんは水研の研究生として、北極点を目指す際に気象データを水研に送る任務を受け、名大で講演をしたのだった。50人くらい入る小さな教室で植村さんの講演を聴き、いまでも記憶に残っているのはこんな話だった。「零下何十度にもなる極寒の地を犬ぞりで横断するのに、アザラシの毛皮など何重にも服を着て防寒しているのだが、唯一、肌を寒気にさらさなくてはならないのが、大便をするときだ。そのときは、寒気におしりをさらす。そこで、『うーん、うーん』といつまでも気張っていたら、おしりに凍傷ができてしまうので、グリーンランドや北極圏横断などの冒険をしているうちに、おしりをまくった瞬間にうんこをすることができるようになった」。この話を聞いて私は思わずうーんとうなってしまった。

なぜ高い山の稜線部には地面に幾何学的模様が見られるのか？
——周氷河環境

カールが形成されている高度の下限（日本アルプスではほぼ2500m）は、ほぼ現在の**森林限界**に位置する（50頁、図1-13）。森林限界とは、森林が分布する上限にあたり、そこより高い高度では、岩がごろごろ堆積し、所々に「**お花畑**」が分布する高山帯となっている。日本では、この森林限界付近には**ハイマツ**が分布しているので、ハイマツがあらわれたら森林限界付近だと考えてよい。森林限界以上の高度は、「**周**《しゅう》**氷河**《ひょうが》**環境**」（氷河の周辺の環境）とよばれる場所となっている。

現在の日本の**高山帯**は**氷河**をもたないが、周氷河環境ではあるのだ。周氷河環境は、日中の気温が零度以上、夜中が零下になる期間が長い。そして岩の割れ目に水がしみ込んで、それが夜間に凍って膨張し、割れ目を広げて岩から礫がつくられたり、岩を構成する各鉱物の膨張・収縮率が異なるため、昼夜の膨張・収縮により鉱物間の結合がゆるんでぼろぼろと崩れたりする。これを**機械的風化作用**といい、周氷河環境では、さかんに岩盤から岩や礫が生産されていく。そのため、高山帯には岩がごろごろ堆積し、それを**岩塊斜面**《がんかい》とか**岩海**《がんかい》とよぶ。岩がごろーごろーと堆積しているので、それが語源となって、野口五郎（ごろー）岳や黒部五郎（ごろー）岳と命名され、さらに歌手の名前にもつけられた。寒冷・乾燥気候帯ではこの機械的風化作用が活発だが、温暖・湿潤な環境では、水などの化学反応により岩石が分解・溶解する**化学的風化作用**が見られる。「**風化**」の英語は、天気の Weather に進行形の ing をつけた Weathering であり、まさに風化は「天気している」なのである。

地表が凍って地面が持ち上がり、これが溶けると、地面が下がるため、その凍結・融解によって地表面の礫は移動する。朝方にできる**霜柱**が礫を持ち上げ、日中溶けたときに礫を移動させることもある（写真1－6）。このような**凍結融解作用**によって地表面の堆積物が移動することにより、地表面に幾何学的模様が形成される。それを**構造土**《こうぞうど》とよぶ。写真は大雪山、トムラウシ山近くに見られる**礫質多角形土**（写真1－7）と、アンデス山系で見られる**条線土**《じょうせんど》（写真1－8）とよばれる構造土である。このような構造土が見られるということは、その場所の一日の気温が零度付近を激しく前後している証拠でもある。構造土は日本の高山でよく見られる現象なので、高い山に登ったら、地面の模様に注意するとおもしろい。このような地表が動くような斜面では多くの植物は生育できない。地表の動きに比較的対応できるコマクサやタカネス

写真1-6　霜柱（白馬岳付近）　朝方にできる霜柱がその上の礫を地面から垂直に持ち上げ、日中に溶けると重力（鉛直）方向に働くため、礫はわずかながら移動する。これを霜柱クリープとよぶ

写真1-7　礫質多角形土　（大雪山、トムラウシ山）構造土の一種

写真1-8　条線土（ボリビアアンデス）　構造土の一種

ミレなどの小型植物に生育は限られている。

私は博士課程に進学するために都立大学に移動した年、当時都立大の助手をされていた岩田修二さんに調査地の白馬岳に連れていっていただいた。小雨のなか、岩田さんには熱心に地表の砂礫の移動について教えていただいた。写真1-6はそのときに撮影したものである。岩田さんは、これまでのご自身の研究の集大成である大著『氷河地形学』という、すごい本を出版された。

1－3　断層と火山と地震

琵琶湖はなぜ細長くて日本で一番大きいのか？

――断層と地溝

日本には**断層**がたくさん走っている。とくに最近まで動いた証拠があって今後も活動する可能性のある断層を**活断層**というが、断層は日本の地形に大きな影響を与えている。断層は地面の破れと考えればよく、たとえば、福井県と京都府の県境付近から京都市まで続いている花折《はなおれ》断層という活断層があるが、その破れが京都大学のところまで続いている（図1－16）。その破れに沿って向こう側と手前側が反対方向にずれるため、地面のたわみが破れの終焉点にできる。それが京大キャンパスのすぐ背後にある、吉田山である。この花折断層と琵琶湖西岸系断層のあいだが隆起してできた**地塁山地**《ちるい》が高度１２００ｍくらいの比良山地である。

一方、琵琶湖西岸系断層と東岸系断層のあいだが沈降してできた**地溝**《ちこう》が琵琶湖である。断層と断層のあいだの部分が沈降してできた地溝に水がたまってできた**断層湖**

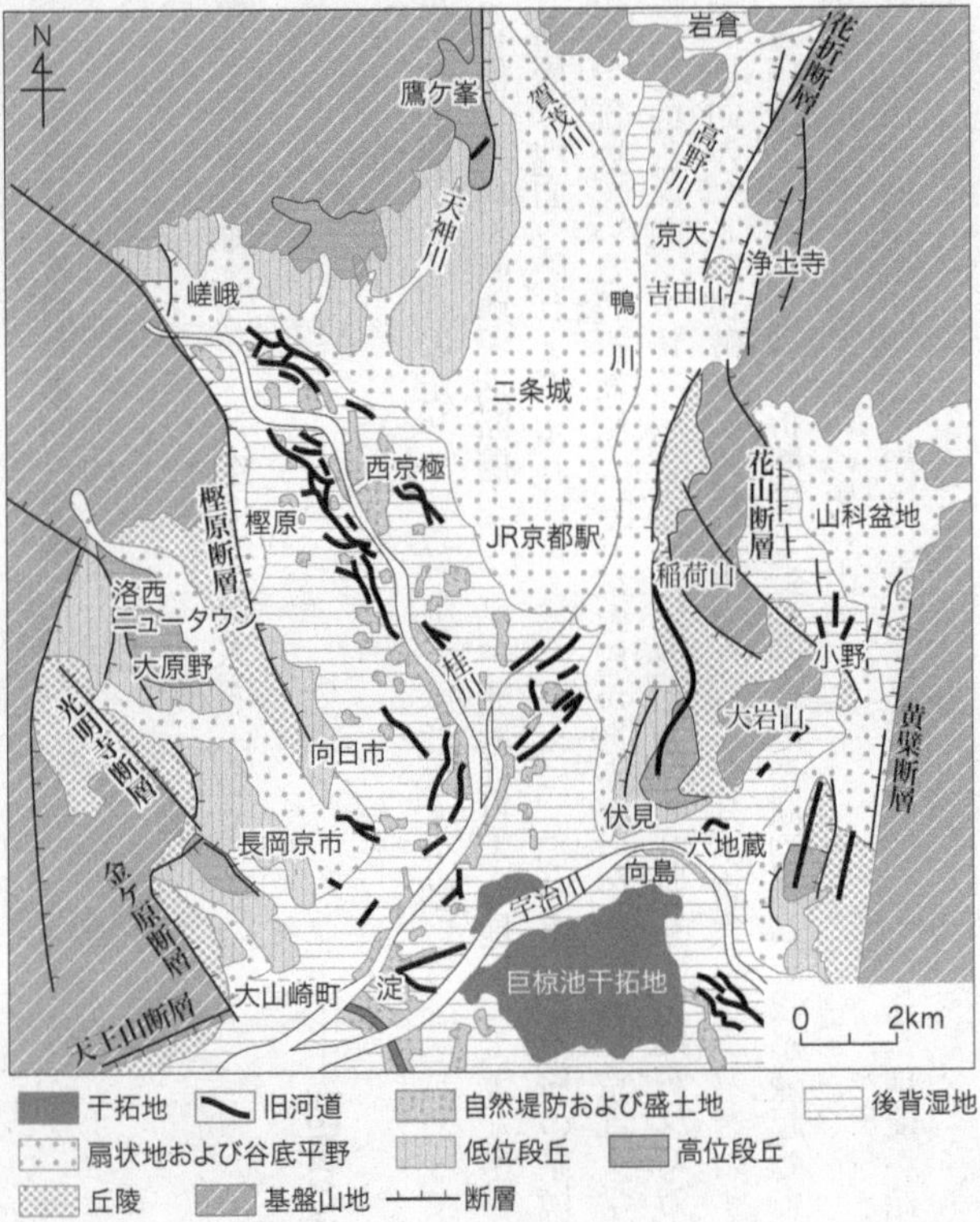

図1-16　京都盆地周辺の地形分類図（植村 1999）

（あるいは**地溝湖**）は、断層に沿って細長いことが多く、また巨大で、水深が深いという共通点が見られる。世界最深のロシアのバイカル湖（水深1741m）、第2位のアフリカのタンガニーカ湖（水深1471m）、第5位のマラウイ湖（水深706m）はすべて断層湖であり、細長く巨大である。琵琶湖も同様である。ただし、諏訪湖のように断層湖でありながら丸い形のものもある。

アフリカ大陸は1億年後には二つに割れる？
——アフリカ大地溝帯（リフトバレー）

巨大な断層では、**アフリカ大地溝帯**（**リフトバレー**）（図1-17）が有名である。東アフリカにはアフリカ大地溝帯が2列になって南北に延びているが、そのうち東部地溝帯がケニアの中央部のやや西寄りを南北に貫いている。この大地溝帯は地下深部から集中的に熱の供給を受けている部分であり、そのため台地が隆起し、地下から**マグマ**が上昇して活発な火山活動が生じ、大量のアルカリ岩類を噴出している。地下深部の熱を運ぶ上昇流が途中で左右二つの反対方向に分かれ（図1-18）、それによって地殻（地球の表層）が両方に引っ張られ、二つの平行な断層が生じて中央部が陥没して、大地溝帯が誕生した。アフリカ大地溝帯は巨大な地溝なので、二つの断層に挟まれた部分が沈降したという単純なものではなく、図1-19のように大きな断層にほぼ平行で副次的な断層によって短冊状に沈降し、巨大な地溝帯が形成されたのである。この大地溝帯は現在も年に5㎜ずつ広がっていて、1億年後にはアフリカ大陸は二つに割れて、あいだが海になるであろうと予想されている（図1-18）。この大地溝帯の火

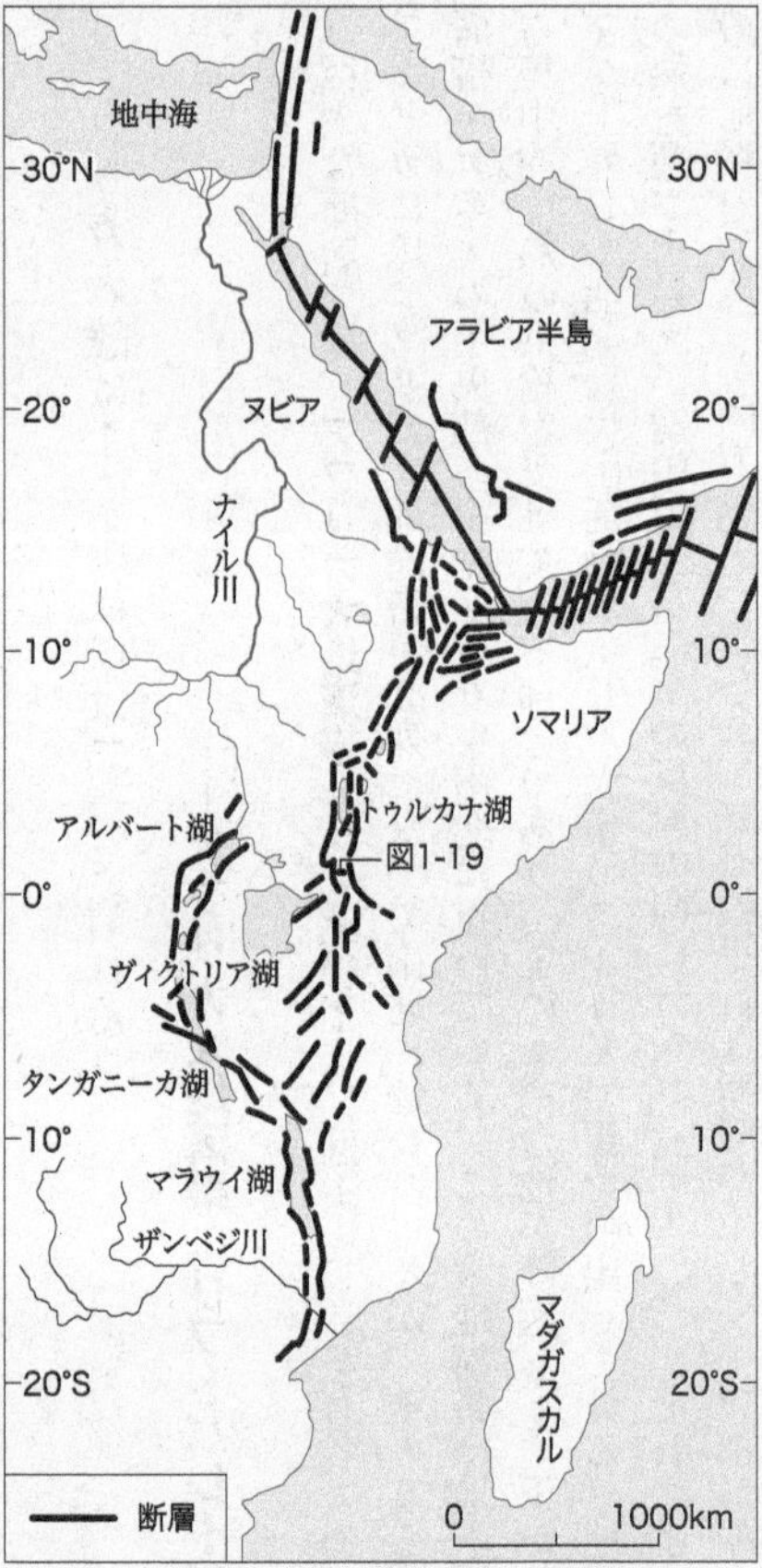

図1-17　アフリカ大地溝帯（諏訪 1997、2003）

山活動によってケニア山（５１９９ｍ）やキリマンジャロ（５８９５ｍ）が誕生した。

ケニア山（「キリニャガ」）は赤道直下に位置し、おもに３１０万年前から２６０万年前に断続的な噴火活動によりつくられた。長いあいだに山頂部の山体が削剝《さくはく》され、火道を満たしていた固結した溶岩が残って鋭い山頂部が形成された。高山帯には巨大な半木本性植物であるキク科キオン属のセネシオやキキョウ科ミゾカクシ（サワギキョウ）属のロベリアが分布し、ジャイアントセネシオやジャイアントロベリアとよばれ、訪れる人だれをも驚かせる、熱帯高山特有の不思議な景観を生み出している（１５４頁、写真２－１）。

大地溝帯の細長い凹部の底にはトゥルカナ湖をはじめ、ナクル湖やナイバシャ湖など、大小さまざまな湖が散らばっている。トゥルカナ湖は排水河川をもたない閉塞湖

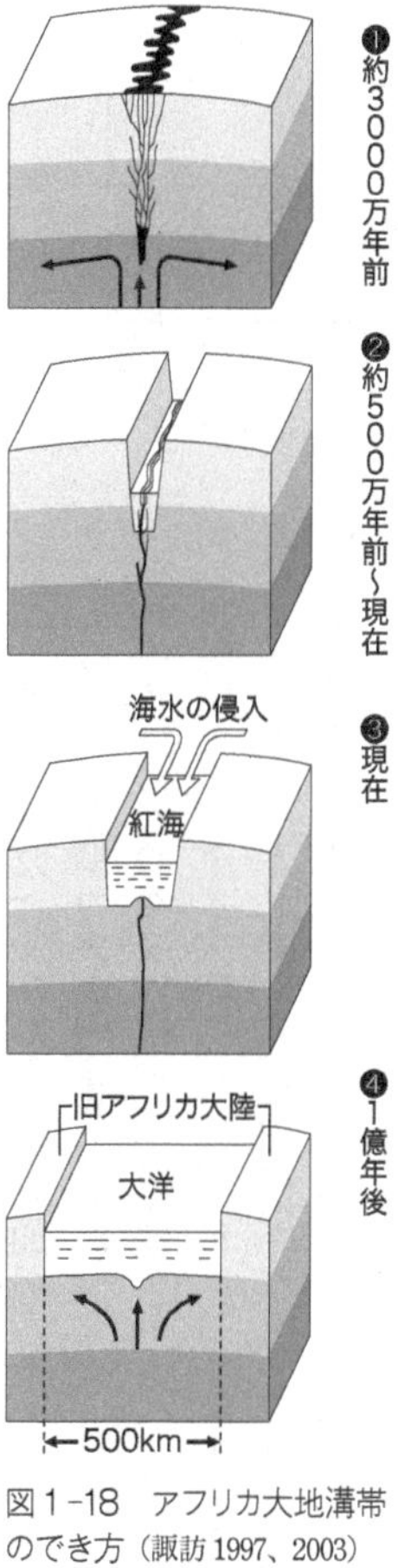

図１-18　アフリカ大地溝帯のでき方（諏訪 1997、2003）

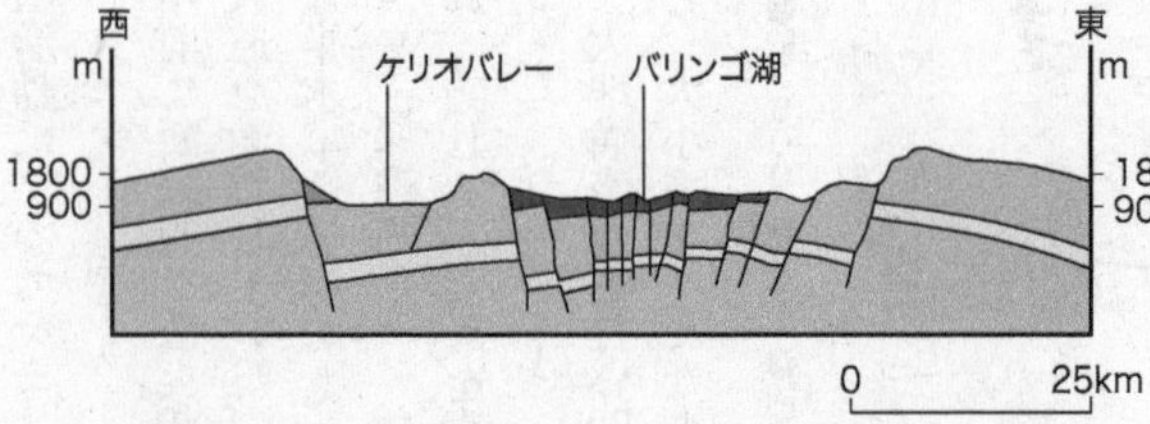

図1-19　アフリカ大地溝帯（ケニア）の断面図（Buckle 1978）

の**塩湖**であり、豊富な藻類によって湖面がグリーンに染まり、そこに映る湖岸の**火山円錐丘**の姿が美しい。ナクル湖は水深が2mにも満たない塩湖で、藻類に富み、その赤色をした藻類を餌とするフラミンゴは体がピンクに染まり、そのピンクのフラミンゴの大群に圧倒される。マガディ湖は、湖水が非常に熱く、蒸気の噴出も見られ、適温の場所で温泉を味わっている外国人の姿もまれに見られる（その多くは日本人だ）（写真1－9）。湖水が強アルカリの塩湖であり、湖一帯に天然ソーダが広がり、その表面に微生物が繁殖しているため、湖面が淡紅色を呈している。湖岸にはこのソーダ資源を利用したソーダ工場もある。

　また、その巨大断層に沿って800万年前ごろから地殻が持ち上がって、アフリカ第三の高峰ルウェンゾリ山地ができた。それまではギニア湾からの湿った風が東アフリカまで到達し、雨を降らせて東アフリカには**熱帯雨林**が分布していたが、その後あらたに誕生した山地に遮られ、東アフリカは乾燥化して熱帯雨林は消失し、草原の**サバンナ**となった。熱帯雨林に住んでいた**類人猿**は樹上から地上に下り、二足歩行をするようになり、人類へと進化する。この人類発祥の物語は、コパンによって1982年に、ミュージカルの「ウエストサイドストーリー」をもじって「イーストサイドストーリー」として発表された。それは、これまで人類の先祖の化石がエチオピア、ケニア、タンザニア、ウガンダなど、大地溝帯の東側でしか見つからなかったことが根拠になっていた。

写真1-9　マガディ湖の天然温泉　地元マサイの人は温泉に入らない。背後はフラミンゴの大群

しかし、近年このストーリーの信頼性がゆらいできた。800万年前の大地溝帯付近の隆起はまだ小さく、実際に山脈が形成されたのはヒトが二足歩行を始めた600万年前より後の400万年前と考えられるようになった。また800万年前の東アフリカは完全に乾燥していたわけではなく、かなりの森林が残っていたことも炭素同位体から明らかになった。さらには、アフリカ大地溝帯より西のチャドで600〜700万年前のトゥーマイ猿人の化石が発見され

たのである。２００３年2月、コパン自身がこのストーリーを撤回した。

ヨーロッパ人が日本の温泉を好きなわけ

――ライン地溝帯

ライン川上流域には**ライン地溝帯**があり、その凹地をライン川が流れていて、フランスとドイツの国境をなしている。ライン地溝帯によって一つの山域がフランス側のヴォージュ山脈とドイツ側のシュヴァルツヴァルトに分断されている。水路が張り巡らされ路面電車が走る環境都市フライブルクから鉄道に乗ってライン川の鉄橋をわたると、木組みの家が美しいフランス側のコルマールに着く。

ライン地溝帯はアフリカ大地溝帯同様、地殻の割れ目に沿ってマグマが上昇する地帯であるため、あちこちで**温泉**が湧いている。フライブルク郊外には何か所か温泉地があって、温泉地には男女混浴の温水プールのようなお風呂が何か所かあり、水着を着用して、子供から10～20代の若いカップル、老夫婦などまでが、ややぬるいお湯に浸かったり泳いだりと楽しんでいる。奥にはサウナ風呂がいくつもあり、こちらも男女混浴だが水着の着用が禁止されており、同じサウナ室に若い女性が入ってくると緊張して目のやりどころに困ることがある。

フライブルクの北方のバーデンバーデンは温泉地としてヨーロッパでは有名な場所だ。ヨーロッパ人が日本を訪れると日本の温泉をとても気に入ることが多い。日本の温泉はとても気持ちがよくリラックスできるからだという。なぜなら、ヨーロッパの温泉ではかならず水着を着用するので、裸で温泉に入るときほど気持ちがよくないのだ。また、日本の温泉の露天風呂がまわりの美しい風景に溶け込んで、その中で湯に浸かれる醍醐味は、ほかではなかなか経験できないようだ。

富士山は世界でただ一つの特異な場所にある
——プレートと火山

太平洋東部や大西洋中央には、南北に走る**海嶺**《かいれい》とよばれる盛り上がった割れ目があり、毎年数cmずつ東西に拡大している（図1-20）。開いた割れ目は**マントル**の上昇部にあたり、玄武岩質の**マグマ**が供給され、新しい地殻、すなわち**プレート**が生産されている。このような中央海嶺を「**広がる境界**」とよんでいる（図1-21）。地球の表面は14～15枚の厚さ100kmくらいの岩盤、すなわちプレートに覆われている。

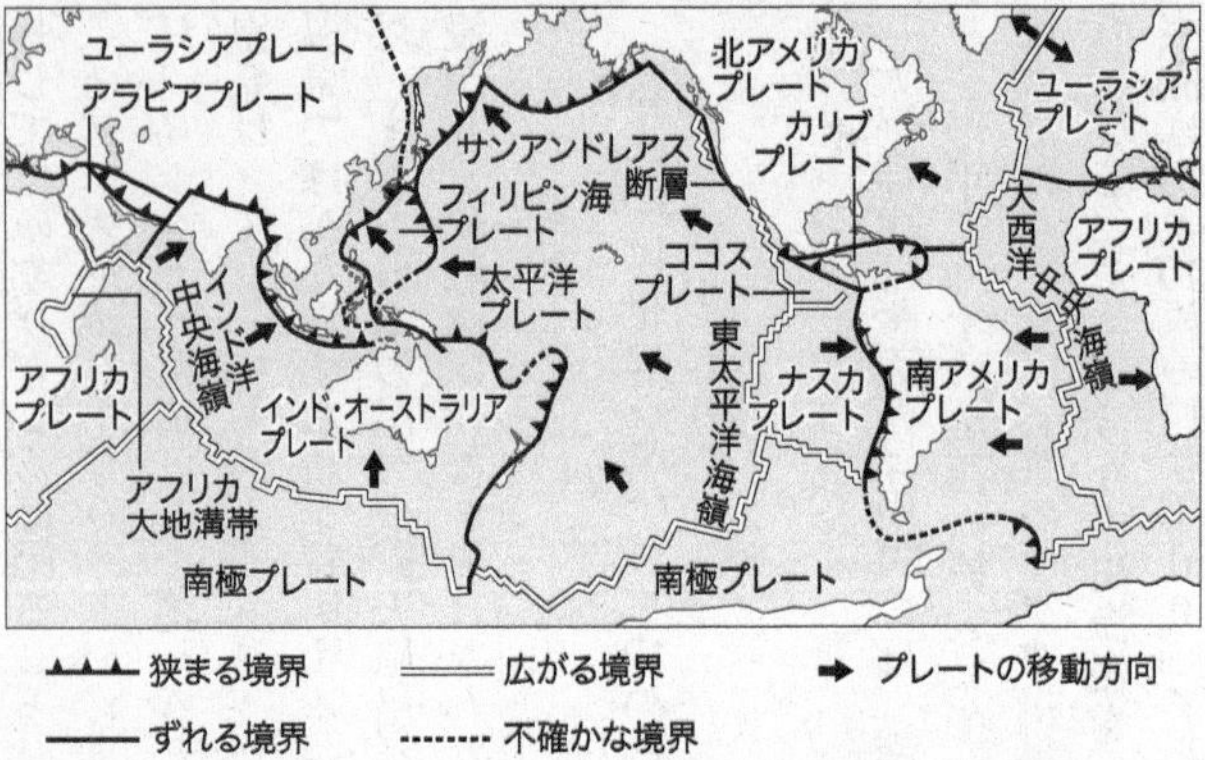

図1-20　世界のプレート

プレートには、**大陸プレート**と**海洋プレート**があり、海洋プレートは大陸プレートよりも強固で密度が高いため、二つがぶつかると海洋プレートは大陸プレートの下に沈んでいく。西に進む太平洋プレートは**日本海溝**のところで、**北アメリカプレート**の下に沈み込む（図1-22上）。北西に進む**フィリピン海プレート**は**南海トラフ**のところで、**ユーラシアプレート**の下に沈み込んでいるのだ。沈み込んだプレートは、**海溝**（**トラフ**）から深さ１００～１５０kmぐらい、距離にして２５０～３００kmぐらいのところで熱がたまって岩盤が溶けて**マグマ**が生成される（図1-22下）。そのマグマが地殻の弱い部分をつたって、地上にあらわれたのが**火山**である。

したがって、日本付近には日本海溝から**伊豆・小笠原海溝**に平行に**東日本火山帯**があり、

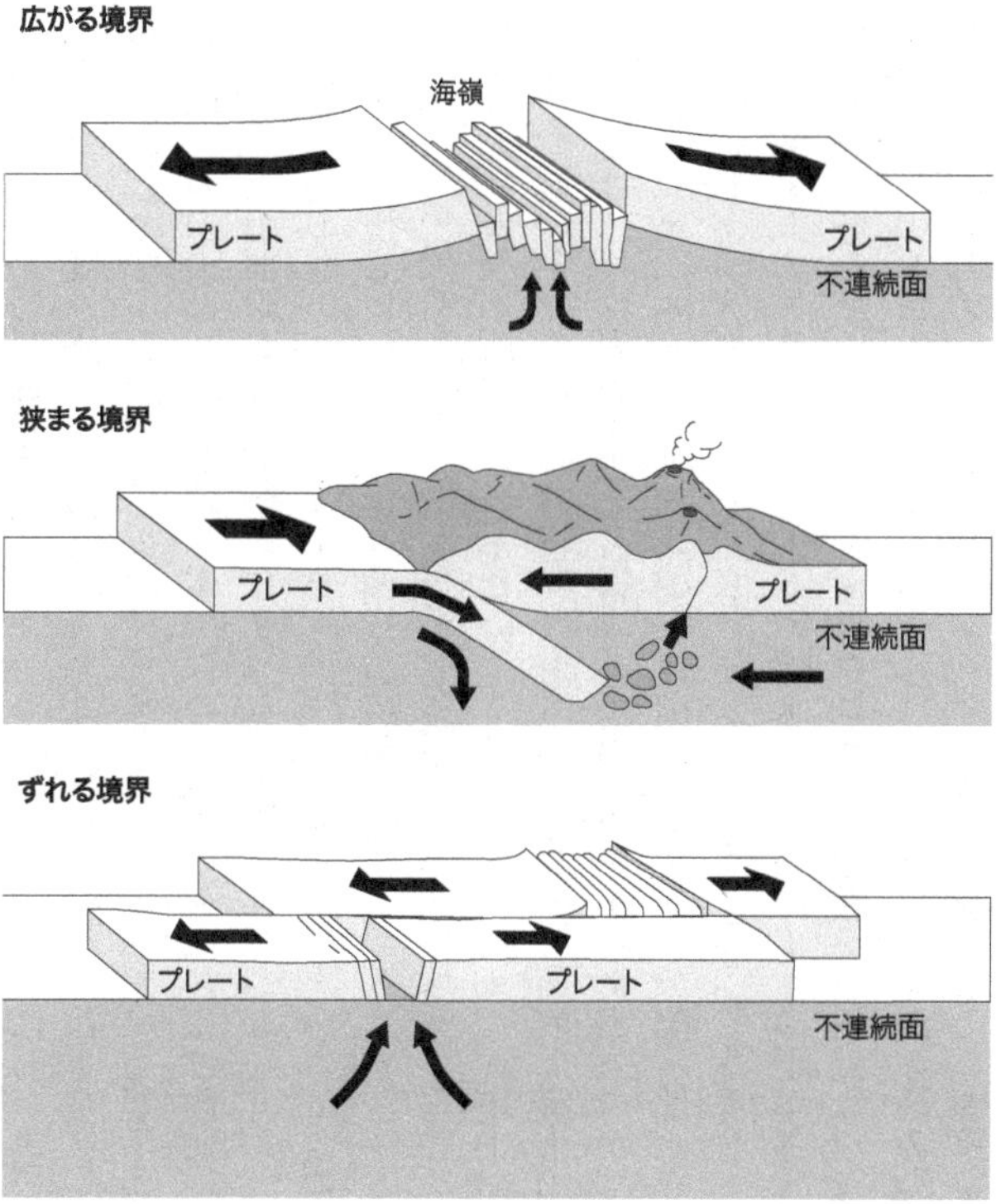

図1-21　プレートの境界

南海トラフに平行に**西日本火山帯**がある。火山帯の内部では、海溝側の縁に近いほど火山の分布密度が高く、海溝の反対側（大陸側）に行くほどまばらになるため、火山帯の海溝側の縁を**火山前線**（**火山フロント**）とよんでいる（図1－22）。東北日本では、脊梁山脈の中央部を火山前線が走るため、多くの火山がほぼ南北につらなって密集している。火山前線から海溝側にはまったく火山が存在しない。

日本周辺の北アメリカ、ユーラシア、フィリピン海という三つのプレートが富士山の場所で会合している。つまり割れ目の境界である。さらに、そこを火山前線（火山フロント）が横断し、もっともマグマが噴出しやすい場所となっており、地球上でそのような特異な場所はここしかない。したがって、たまたま富士山がそこにあるのではなく、地球上でただ一つの特異な場所だからこそ必然的に富士山があるのだ。これについては、貝塚爽平先生の著書『富士山はなぜそこにあるのか』にくわしい。

インド・オーストラリアプレートは南極プレートと分離・北上して、約4500万年前にユーラシアプレートと衝突し、そのままゆっくり北上している（図1－20）。インド・オーストラリアプレートがユーラシアプレートの下に部分的にもぐりながら押し上げているため、8000m級の**ヒマラヤ山脈**が誕生した。先ほど述べた、海溝で海洋プレートが大陸プレートの下に沈み込むという「**沈み込み型**」とこのインド・オーストラリアプレートがユーラシアプレートと衝突した「**衝突型**」をあわせて「**狭**

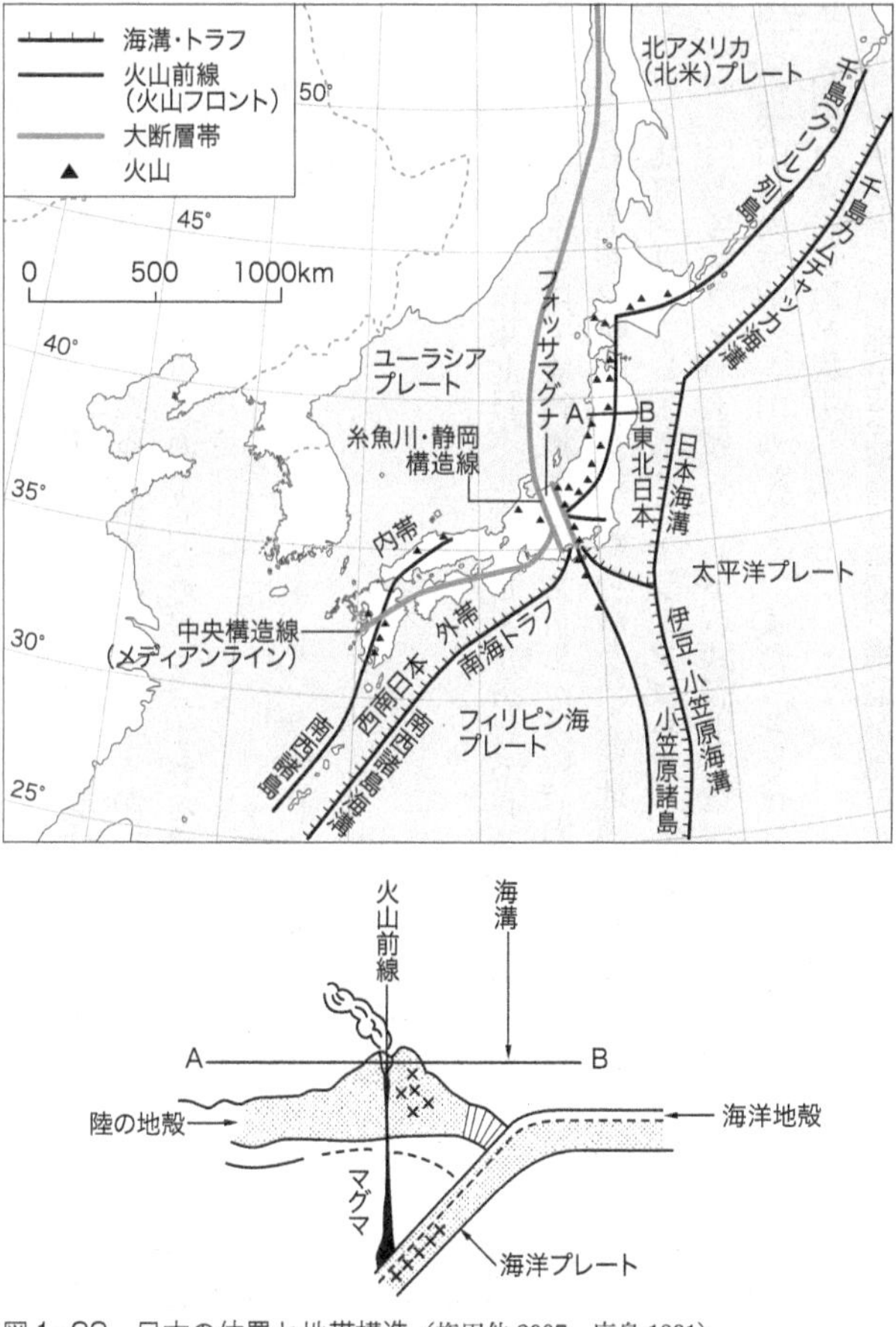

図1-22　日本の位置と地帯構造（權田他 2007、広島 1991）

まる境界」とよんでいる（図1－21）。

アメリカのサンアンドレアス断層は、太平洋プレートと北アメリカプレートの境界をなし、1300kmにわたる大断層で両プレートが横にずれ、度重なる地震を引き起こしてきた（図1－20）。このような境界を「ずれる境界」とよんでいる（図1－21）。

なぜ日本の大地溝帯「フォッサマグナ」に火山や温泉が集中しているのか？
――フォッサマグナ

フォッサマグナは東北日本と南西日本を分ける日本の主要な地溝帯であり、西側の大断層である糸魚川・静岡構造線（糸魚川から諏訪湖を通って静岡の安倍川に抜ける大断層線）と、東側の断層とのあいだが落ち込んだ地溝帯である（図1－22）。フォッサマグナは北アメリカプレートとユーラシアプレートの境界にあたる。フォッサマグナの断層に沿ってマグマが上昇し、北から妙高山、草津白根山、浅間山、八ヶ岳、富士山、箱根山、天城山と火山列が続く。また、そこには赤倉温泉、草津温泉、伊香保温泉、箱根など温泉地が集中している。

フォッサマグナ北部では地層の褶曲《しゅうきょく》構造が見られる。その褶曲構造（写真1－10）

写真1-10　山の斜面に見られる地層の褶曲構造（ナミビア）

のうち、上に凸の部分である**背斜《はいしゃ》構造**に密度が小さく軽い**石油**や**天然ガス**がトラップされるため（下に伏せたお椀のなかに、下から湧く軽い石油や天然ガスがまわりに逃げずに集積するように）、新潟県では石油や天然ガスが生産される（1－5「世界の地質・地形と鉱産資源」を参照）。

一方、南部では**フィリピン海プレート**に載った火山島が北上し、**北アメリカプレート**と衝突し、日本列島にくっついた。最初に丹沢山地の岩体が火山島として運ばれ日本列島にくっつき、その後、別の火山島が運ばれ伊豆半島がくっついた。また、その衝突により、丹沢山地や伊豆半島の岩体が隆起し山地が形成された。伊豆半島はかつて火山島であったため各地に温泉が湧いているのだ。丹沢山地や伊豆半島を運んで衝突したフィ

写真1-11　中央構造線安康露頭　写真中央の岩の割れ目が中央構造線が通っている所で、両側の露頭の色が異なる

リピン海プレートは、糸魚川・静岡構造線の西側の土地を北西方向に押し続け、南アルプスが隆起することになる。南アルプスは斜めに入った断層が両側から押される**逆断層**であり、斜めに入る断層の上に載っている部分が北西に押される力でますます上に上っていき、隆起してできた。

糸魚川・静岡構造線の諏訪湖あたりを起点に南西に延び、西南日本のほぼ中央を縦走する主要な地質構造線を**中央構造線**（**メディアンライン**）とよんでいる（図1-22）。**ナウマン**によって命名されたこの構造線を境に、北側を**西南日本内帯**、南側を**西南日本外帯**とよんでいる。中央構造線の北西側（内帯）にはジュラ紀の付加複合体が、白亜紀に高温低圧型変成を受けた領家変成帯（領家変成岩類や花崗岩類）が、南東側（外帯）には白亜紀に低温高圧型変成を受けた三波川変成帯（三波川結晶片岩類）が分布している（写真1-11）。写真1-11は、まさに両変成帯の境界である中央構造線が通っている場所である（中央構造線を境に両変成帯の地層の色が異なっている）。高温低圧型の領家変成帯と低温高圧型の三波川変成帯は、白亜紀の変成当時は離れて存在していたのが、中央構造線の活動により大きくずれ動いて接するようになったと考えられている。

長野県下伊那郡大鹿村には中央構造線博物館があり、近くには安康露頭《あんこうろとう》など中央構造線がよく観察できる場所がある（写真1-11）。南アルプス登山をして三伏峠から鳥倉登山口に下山した場合、バスで鹿塩まで行って温泉に入り、そこからタクシーで中央構造線博物館や安康露頭まで行って見学し、またタクシーで伊那大島駅や松川インターチェンジ（高速バス乗り場）まで行くとよい（2021年3月現在、道路崩落により、安康露頭見学不可）。

なぜアフリカと南米は植物が似ているのか？
——ゴンドワナ大陸

プレートテクトニクスの考え方のもとになったのは、1912年にドイツの**ヴェーゲナー**（Wegener）が提唱した**大陸移動説**である。ちなみに、Wegener や工業立地論で有名なドイツ人 Weber は、ドイツ語で We はヴェと発音するので、ヴェーゲナーとかヴェーバーとするほうが原語に近いが、日本ではウェーゲナーやウェーバーとよんでいる。よく思うのだが、大学入試の地理の試験で「ウェーゲナー」や「ウェーバー」を「ヴェーゲナー」や「ヴェーバー」と解答して不正解になるようなことがあるのだろうか？　もし、不正解にする教員がいたら、それこそ無知から来ていると思うのだが。同じことはオーストリアの首都 Wien ヴィーン（日本ではウィーン）にもいえる。ヴェーゲナーは大西洋の両岸の大陸の形状（とくにアフリカと南米）が一致することに注目して、もともと一つの大陸が分かれて移動して現在の姿になったと予想し、大陸移動説を提唱した。これが、現在のプレートテクトニクス理論の発達につながった。

2億5千万年前ごろに**ローラシア大陸**や**ゴンドワナ大陸**が衝突して**パンゲア**という

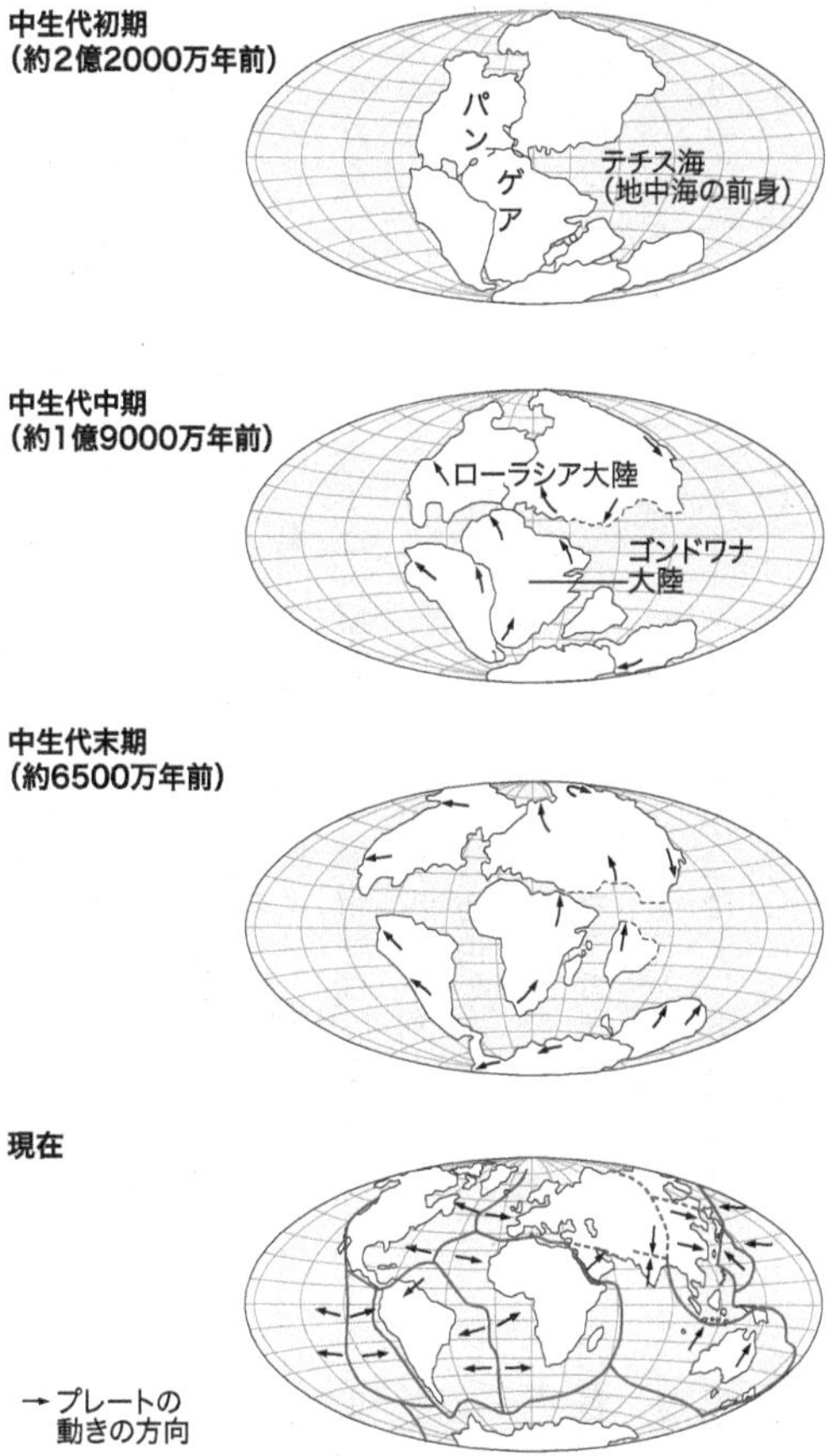

図1-23　大陸移動とゴンドワナ大陸

一つの大陸が誕生し、2億年前には大陸の移動により再びローラシアとゴンドワナに分かれた（図1－23）。ゴンドワナ大陸はその後、アフリカ大陸、南アメリカ大陸、インド亜大陸、南極大陸、オーストラリア大陸、マダガスカル島と分割される。４５００万年前には、北上し続けたインド亜大陸がユーラシア大陸と衝突しヒマラヤ山脈が形成された。

このゴンドワナ大陸の存在は、現在の生物分布にも大きな影響を及ぼしている。たとえばアフリカの熱帯林は、東南アジアの熱帯林よりも中・南米の熱帯林との類似性が見られる。科の構成割合では、東南アジアの熱帯林はフタバガキ科がもっとも優占するのに対し、アフリカ大陸と中・南米の熱帯林はマメ科が主体となり、属レベルでもアフリカ大陸と中・南米の熱帯林は30％もの共通属がある。この要因として、かつてアフリカ大陸と南アメリカ大陸がゴンドワナ大陸として一つであって、それが分裂して現在の分布に至ったことが考えられている。**マダガスカル**の動植物に**固有種**（その地域にしか生息あるいは生育していない生物種）が多いのも、1億６５００万年前にアフリカ大陸とマダガスカル・インド亜大陸が分離し、８８００万年前にマダガスカルがインド亜大陸から分離して以来、一つの孤立した島として存続しているためであると考えられている。

写真1－12は現在は半乾燥地になっているナミビア中部に見られる樹木の化石（**珪**《けい》

化木《かぼく》）である。大きな珪化木は直径1・2mもあり、これらのうち二つの個体は長さが少なくとも45mもある。この化石になっている樹木の種名は *Dadoxylon arberi* であり、2億8千万年前、ゴンドワナ大陸にもっとも広く分布していたグロッソプテリス植物群（絶滅したソテツ状のシダ類の一つで、ゴンドワナ植物群の主要属）に属し、裸子植物で、今日のモミやマツのような針葉樹の祖先であった。このグロッソプテリス植物群の分布やいくつかの動物の分布が、アフリカ、南米、インド、南極、オーストラリアの各大陸がかつてゴンドワナという一つの大陸であったことを裏付けている（図1-24）。この *Dadoxylon* はかつてヨーロッパ中に広く分布し、それらが化石化して石炭になっている。しかし、この樹木はいまのア

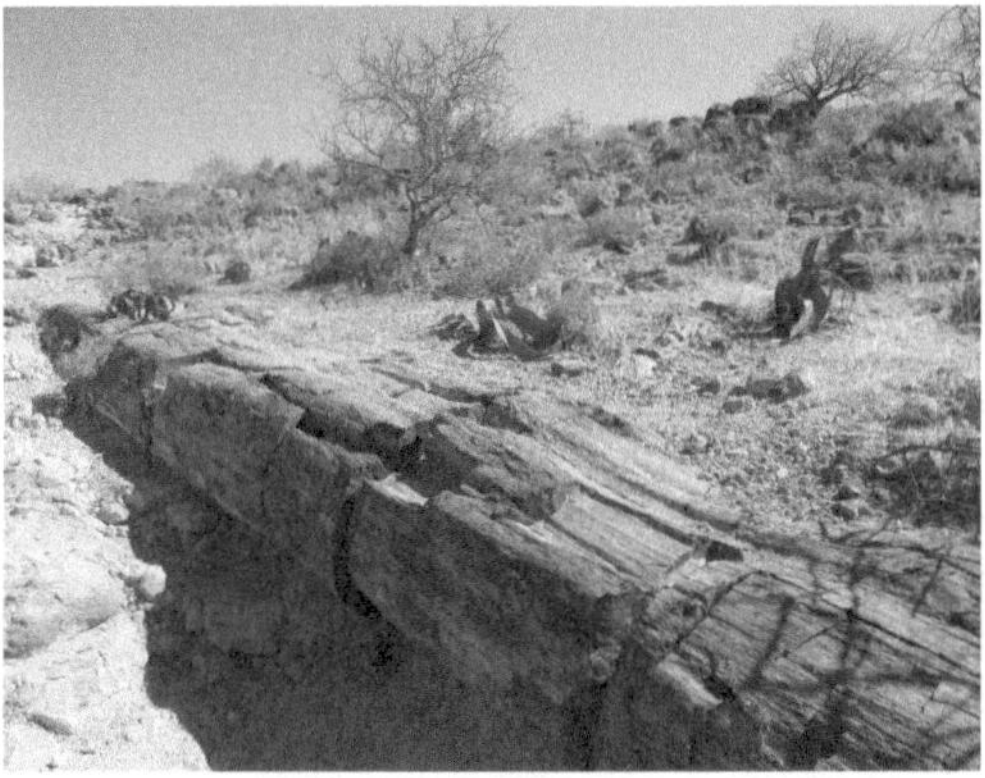

写真1-12　ナミビアの半乾燥地に見られる樹木の化石（珪化木）　2億8千万年前にゴンドワナ大陸に広く分布していたグロッソプテリス植物群（裸子植物であり、ソテツ状のシダ類の一つ）の一種。ツンドラや氷河周辺の寒冷地の湿地に生育する

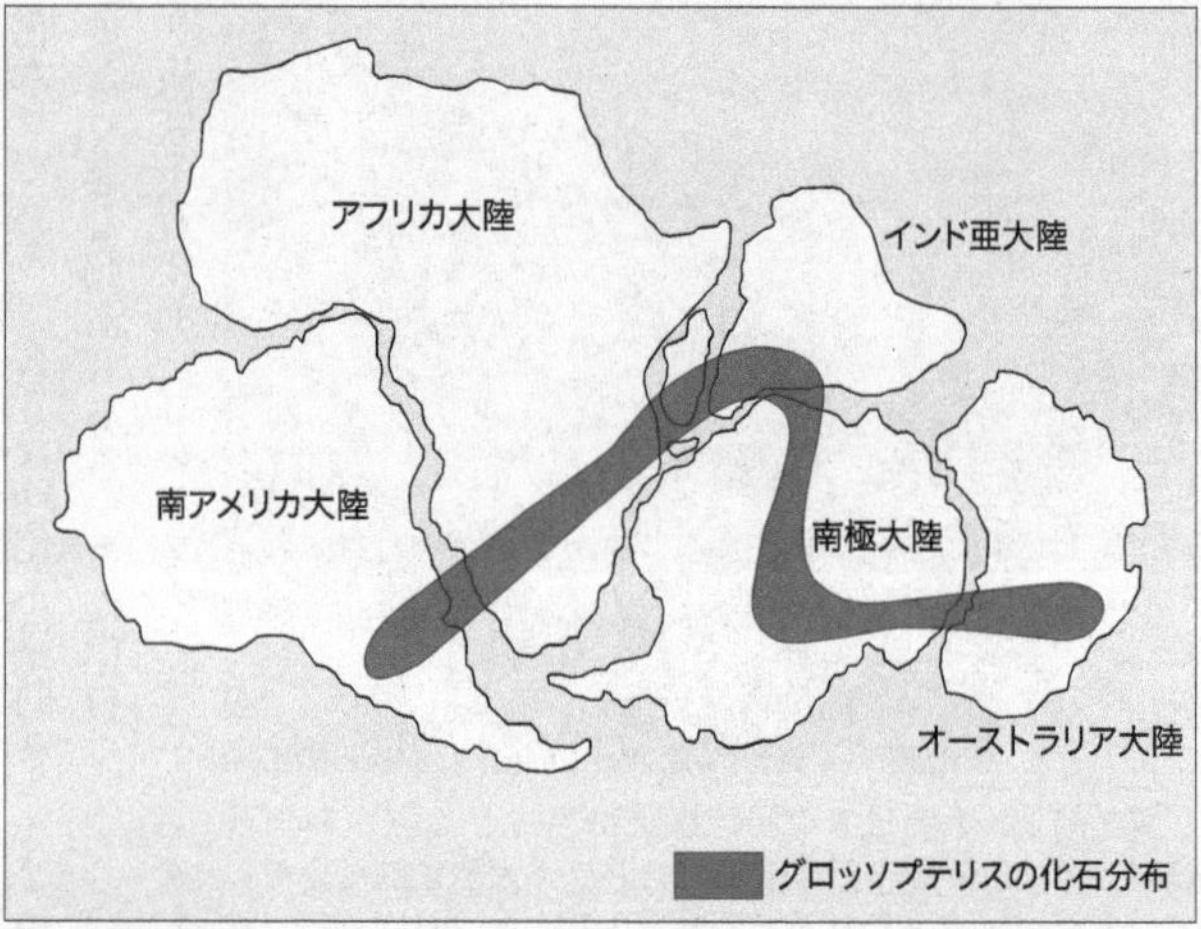

図1-24　ゴンドワナ大陸とグロッソプテリスの化石分布

ラスカやシベリアのようなツンドラや氷河地域の周縁部に生育し、寒冷な気候に適したものであった。

なぜ、このような寒い場所に生えていた樹木の化石が現在は灌木しか生えていないナミビアの半乾燥地で見られるのであろうか。かつて南極点は大陸移動とともに相対的に図1-25のように移動し、南部アフリカにはゴンドワナ氷期の時代があり、それは南極点が相対的移動により南部アフリカから南極大陸へ離れ去ったあとの2億8千万年前ごろに終わった。氷河時代の終わりのころに、氷河が溶け、その膨大な融雪水が洪水を引き起こして森林をなぎ倒し、下流に運んで堆積させたと考えられ

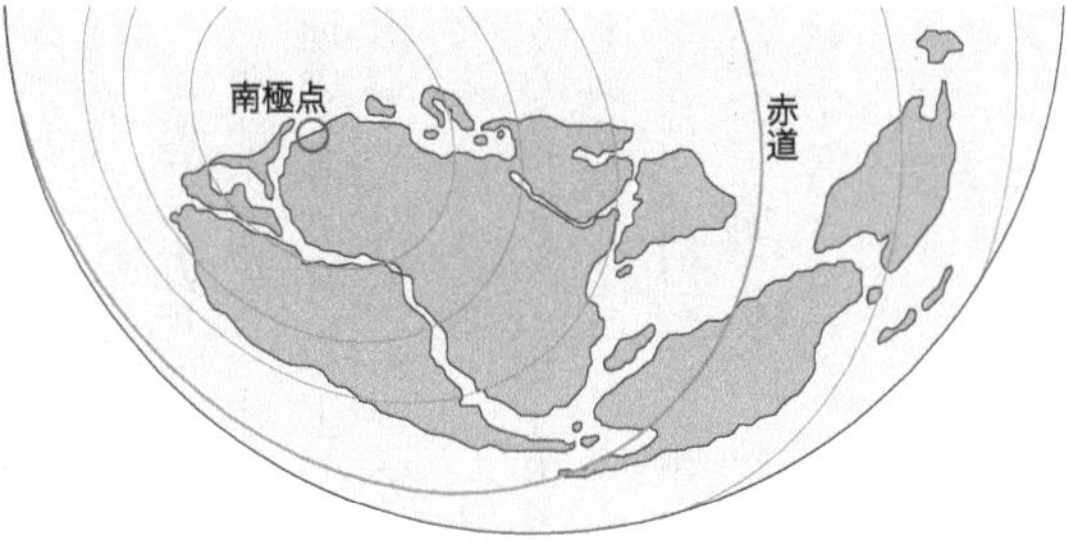

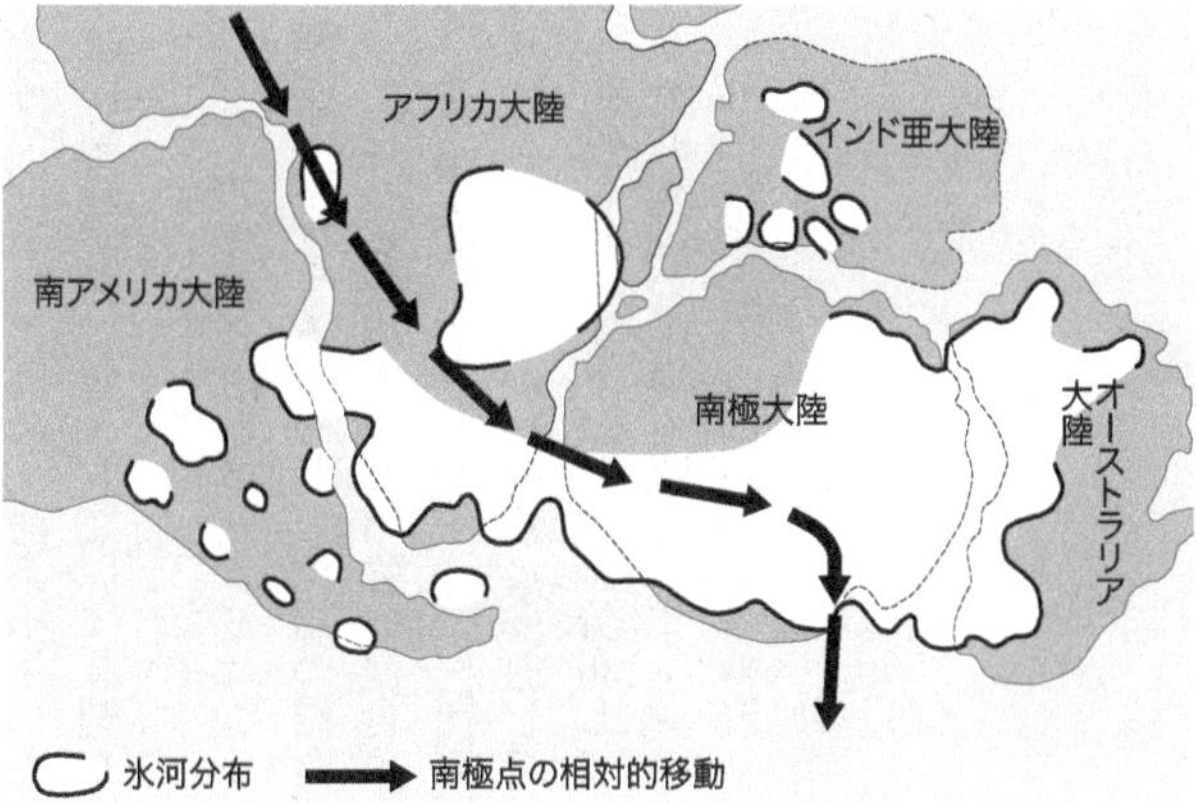

図1-25　約5億4千万年前のカンブリア紀におけるゴンドワナ大陸（上）、ゴンドワナ氷期における氷河分布と南極点の相対的移動（下）
ゴンドワナ大陸の移動にともなって南極点が相対的に移動している（Gruünert 2013）

ている。樹木は洪水が運ぶ大量の土砂に埋まったため、酸素不足になり腐ることはなかった。そのため樹木の細かい組織が結晶水晶で包まれていて詳細までよくわかるのだ。

1億2千万年前に大西洋が開いて、アフリカと南米が分離したことによってナミビア西部が隆起し、陸地と海面間の傾斜が増大するにつれ、河川の侵食力が強くなった。地中1000m以上の深さに埋まったこれらの樹木がこの強い侵食によって地表に露出した(図1-26)。アフリカ大陸と南米大陸が分かれて、その断層崖は侵食によってどんどん後退し、いまでは100kmくらい海岸から内陸に後退している。その海岸から急崖までの幅100kmくらいの低地には、**ナミブ砂漠**が分布している。何千万年も前からいまのナミビアと南アフリカ共和国の国境を流れるオレンジ川が上流から砂を運び、河口に三角州をつくり、それが海岸沿いの南からの海の流れで侵食され、砂が北に運搬されて、南西からの風で内陸に運ばれ、それがナミブ砂漠の**砂丘**の砂の供給源となっている。

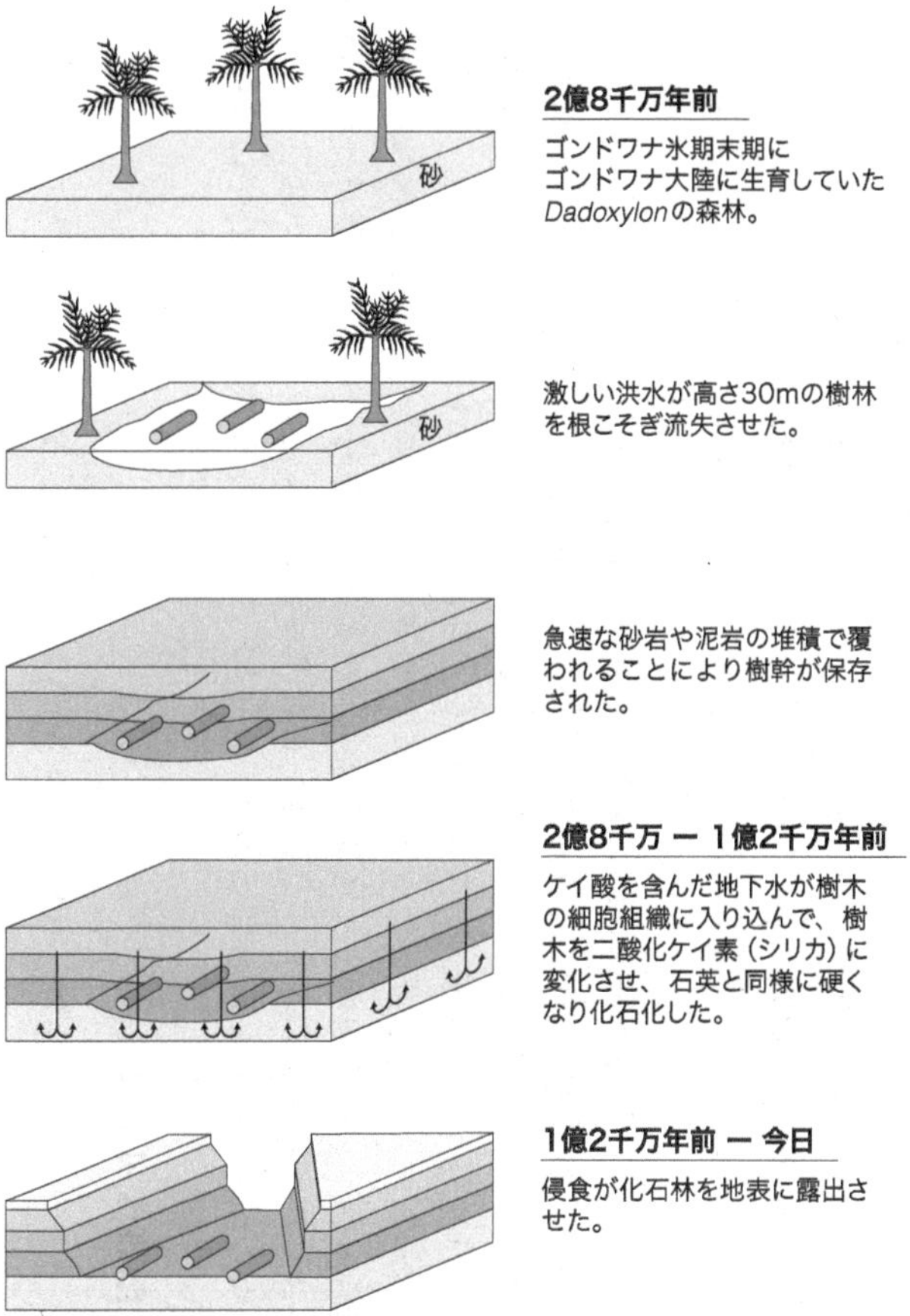
砂
2億8千万年前
ゴンドワナ氷期末期に
ゴンドワナ大陸に生育していた
*Dadoxylon*の森林。
砂
激しい洪水が高さ30mの樹林
を根こそぎ流失させた。
急速な砂岩や泥岩の堆積で覆
われることにより樹幹が保存
された。
2億8千万 ー 1億2千万年前
ケイ酸を含んだ地下水が樹木
の細胞組織に入り込んで、樹
木を二酸化ケイ素（シリカ）に
変化させ、石英と同様に硬く
なり化石化した。
1億2千万年前 ー 今日
侵食が化石林を地表に露出さ
せた。

図1-26　ナミビアにおける化石林の形成過程（Gruünert 2013）

なぜ雲仙普賢岳の噴火でたくさんの人が亡くなったのか？

――マグマと岩石

マグマは岩盤や岩石が溶けたものだ。地下70～200㎞の深さで温度が800～1300℃になると、岩石は溶けてマグマになる。液体のマグマは周囲より軽いため、浮力によって地下数㎞～数十㎞まで上昇してマグマだまりを形成する。マグマは岩盤の亀裂などに沿って上昇していくが、地表に近づくにつれ、熱が奪われて温度が下がっていき、ゆっくりと冷えて固まっていく。このように地下でゆっくり冷えて固まったのが**深成岩**《しんせいがん》である（図1‐27）。また、岩盤の亀裂や割れ目に沿ってマグマが地表まで噴出する、すなわち火山噴火すると、噴出したマグマ、すなわち**溶岩**は急に冷やされて岩石になるが、これを**火山岩**という。この深成岩と火山岩をあわせて**火成岩**《かせいがん》とよぶ。

火山岩のうち**玄武岩**《げんぶがん》は黒色～灰色をしていて、玄武岩の火山は富士山、伊豆大島、ハワイ島のマウナロア火山やキラウエア火山などがあり、**二酸化ケイ素**（SiO_2）の含有量が少ないため、溶岩が流れやすいという特徴がある。玄武岩の名前の由来は兵庫県豊岡市の玄武洞である。玄武岩より灰色なのが**安山岩**《あんざんがん》で、南米のアンデス山脈に広

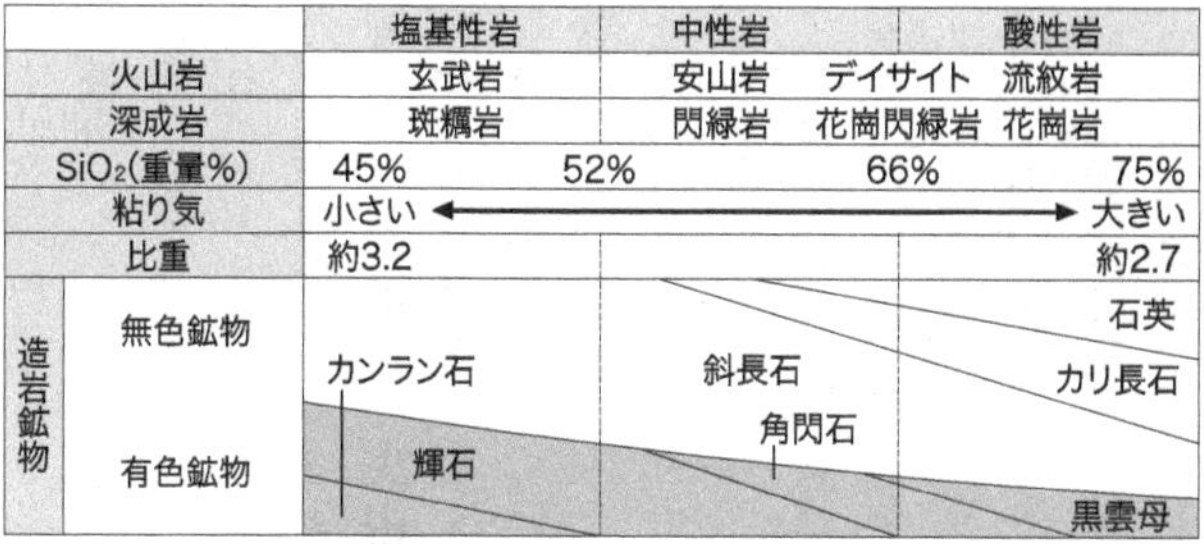

		塩基性岩	中性岩		酸性岩	
火山岩		玄武岩	安山岩	デイサイト	流紋岩	
深成岩		斑糲岩	閃緑岩	花崗閃緑岩	花崗岩	
SiO_2(重量%)		45% 52%		66%	75%	
粘り気		小さい ←――――――――→ 大きい				
比重		約3.2			約2.7	
造岩鉱物	無色鉱物	カンラン石	斜長石		石英 / カリ長石	
	有色鉱物	輝石	角閃石		黒雲母	

図1-27　火成岩の分類（目代 2010）

く分布するため、英語でアンデス山という意味のAndesite という名前がつき、日本でも同様に安山岩という名前がついた。玄武岩に比べて粘り気のある二酸化ケイ素が多いため、爆発的な噴火が特徴で、磐梯山、浅間山、草津白根山などが安山岩の火山である。

安山岩よりさらに二酸化ケイ素が多いのが**デイサイト**で、溶岩に粘り気があるため、溶岩が流れ出ずにドーム状の地形をつくる。昭和新山や雲仙普賢岳《ふげんだけ》の**溶岩円頂丘**（**溶岩ドーム**）がこのデイサイトからできている。洞爺湖をつくっている洞爺カルデラは約11万年前にできたが、その脇には1〜2万年前に有珠《うす》火山ができた。昭和新山とともにある有珠山では、1663年以降の歴史時代に噴出した軽石やドーム溶岩が流紋岩やデイサイトである。有珠山は近年では1977〜78年および2000年に噴火している。噴火の6年後の1984年に現地を訪れたとき、あちこちから噴煙が出ていて、森林が破壊されているようすが見て取れた。

雲仙普賢岳は1792年の噴火で、死者1万5000人と日本の火山災害史上最大の被害をもたらした。この噴火は頂上での**水蒸気爆発**にはじまり、デイサイト質の**溶岩流**が3・5km流れて約5000人を飲み込み、さらに溶岩ドームが崩壊し、**岩屑《がんせつ》なだれ**が6・5km流れ、これが海に流れ込んで**津波**をおこして1万人もの死者を出した。

雲仙普賢岳は1991年の火山噴火の際に、マグマに押し出された溶岩ドームが崩壊した。その破片は**火山ガス**とともに山体を時速97kmものスピードで流れ下る**火砕流**となって6月3日午後4時ごろに斜面を下った。そして報道関係者16名、火山学者ら3名、警戒にあたっていた消防団員12名、報道関係者に同行したタクシー運転手4名、警察官2名、選挙ポスター掲示板撤去作業中の職員2名、農作業中の住民4名の合わせて43名の死者・行方不明者を出し、390の家屋が消失する大惨事となった（写真1−13）。

私はこのとき、東京都立大学の地理学教室で日本学術振興会の特別研究員（PD）をしていた。同じ研究室には、私と同年齢で同じく特別研究員をしていたハリー・グリッケン（Harry Glicken）がいた。普賢岳の火山活動がはじまると、同じ研究室の火山学が専門の研究員や大学院生はみな雲仙を訪れた。都立大の地理学科は火山研究で有名な教室であったため、その人数はけっこうなものだった。しかし、同じ研究室の火山研究者でただひとり現地に行かなかったのがハリーだった。

彼はアメリカの大学で火山学を専攻し、1980年にセントヘレンズの有人観測地点で観測にあたっていたが、5月17日に卒業研究のために現場を離れて、デイヴィッド・ジョンストンと交代した。翌18日にセントヘレンズが大地震とともに**山体崩壊**《さんたい》と**火砕流**をおこし、調査本部をよび出そうとする無線の声 "Vancouver! Vancouver! This is it!" を最後にジョンストンは亡くなった。

写真1-13　火砕流や土石流によって埋まった住居　雲仙普賢岳の1991年の噴火による。背後にうっすら見えるのが普賢岳（1994年4月1日撮影）

ハリーは火山噴火の恐ろしさを身をもって知っていたから行かなかったのだ。そのうち、あまりにも普賢岳の火山噴火が危険になってきたため、研究室の仲間たちは全員東京に戻ってきた。

それと入れ替わるようにハリーは雲仙に出かけていった。あれほど現地入りすることに消極的だったハリーがなぜ？　と疑問に思って仲間たちに尋ねると、火山噴火の写真や映像の撮影で世界的に有名なフランス人火山研究者のクラフト夫妻が、普賢岳の撮影のために日本にやってきて、以前に学会で知り合ったハリーに案内役を頼んだためだという。彼は気が進まないにもかかわらず、頼まれて仕方なく出かけて行ったのだ。6月3日の火砕流の大惨事がテレビのニュースで何度も繰り返し流されると、研究室は騒然となり、みな、ハリーが火砕流の反対側にいることを祈った。しかし、彼は帰ってこなかった。研究室の仲間たちによって都内で無宗教の葬式をあげたとき、アメリカから来日して参列されたご両親の姿を見て、こんな悲しい運命のいたずらがあるんだろうかと思わずにはいられなかった。彼と私はともに1958年生まれだったので、余計に。33歳だった。

そしてデイサイトよりさらに二酸化ケイ素が多いのが**流紋岩**《りゅうもんがん》である。地中深い場所でゆっくり冷えて固まる**深成岩**のうち、二酸化ケイ素が多く、石英《せきえい》や長石《ちょうせき》が多いため、白っぽい色をしているのが**花崗岩**《かこうがん》である。神戸市の御影では、古くから六甲山地の花崗岩を切り出して利用してきたため、花崗岩は石材としてしばしば御影石《みかげいし》とよばれる。岩石は日中は日射を浴びて温度が上がり膨張し、夜間は冷やされて収縮するが、花崗岩はその膨張収縮率が、岩石を構成する鉱物の石英、長石、黒雲母《くろうんも》によって異なるため、一日の膨張収縮のたびにぼろぼろと遊離し、タマネギの皮を剝くように風化して剝離していく。それゆえ、花崗岩の風化を**タマネギ状風化**とよんでいる。

京都の大文字山から比叡山にかけては花崗岩でできているが、その花崗岩の風化で白い色の石英が遊離し、それが川に流れて白砂が堆積する川となっているため、山麓に流れている川は白川と命名されている。白川の白川砂は京都の庭園に利用され、お寺の枯山水には欠かせない。花崗岩でできている甲斐駒ヶ岳の山麓の山梨県白州町（現・北杜市）や尾白川渓谷の名前も同様の由来である。六甲山系にある兵庫県の有馬温泉近くに「白水峡《はくすいきょう》」とよばれる場所があるが、そこは断層活動によって破砕された花崗岩の砂（真砂《まさ》）が川に入り、白く濁ったことからついた地名である。

これらの火成岩の名前は、化学の原子記号のように語呂合わせで覚えられる。深成岩と火山岩、それぞれ二酸化ケイ素が多く白っぽい岩石から順に「しんかんせんは、かりあげ」となる。つまり、しん（深成岩は）かん（花崗岩と）せん（閃緑岩《せんりょくがん》と）は（斑糲岩《はんれいがん》）、か（火山岩は）り（流紋岩と）あ（安山岩と）げ（玄武岩）。

——火山の分類

御嶽山の噴火によって消滅した火山の分類

１９７９年（昭和54年）10月28日は日曜日だった。その日、私は大学のワンダーフォーゲル部の仲間と、前日から週末を利用して鈴鹿山脈に登山に出かけ、紅葉を楽しんでいた。近鉄に乗って名古屋駅に下り着いたとき、駅前で新聞の号外が出て大騒ぎになっていた。私もその一枚を手に入れ、号外を見ると、「御嶽《おんたけ》山噴火！」と大きな見出しが出ていた。その活字が目に入ると、一同みな、「えっ！　御嶽山って活火山だったの⁉」と驚いた。我々の頭のなかでは「御嶽山は富士山よりも噴火しそうにない山」と認識されていたからだ。富士山がいきなり噴火したら世間はたいそう驚くと思うが、それと同じくらいびっくりしたのだ。

かつて日本には活火山、休火山、死火山という分類があり、私も中学や高校でそのような用語を覚えてきた。そして、それまで御嶽山（標高３０６７ｍ）は世間一般で、死火山と認識されていたのである。この御嶽山の噴火（**水蒸気爆発**）をきっかけに、そのような分類が無意味であることが理解され、現在は**活火山**という言葉しか用いられない。

その後、御嶽山はまた噴火しそうにない山に戻った。私も自分の植物調査や自然地理研究会の野外実習として、何度か岐阜県側の濁河《にごりご》温泉から登った。２００２年に登ったときの写真を見ると、剣が峰山頂から王滝頂上とのあいだの地獄谷の噴火口あたりから噴煙が見える。

そして御嶽山は２０１４年9月27日に再び噴火したのだった。またしても秋の紅葉

写真1-14　噴火2分後の11時54分（撮影：田村茂樹）

シーズンの週末、土曜日だった。ちょうどこの噴火の日、自然地理研究会OBで現在山岳ガイドをしている田村茂樹さんが御嶽山に入山していた。彼はNHKが御嶽山の紅葉シーンを撮影するクルーの一員として8合目あたりにいたのだった。彼は京大理学部出身なので火山の知識には長けている。以下は彼の体験談である。

11時52分、突如、「パン、パン」というような散発的な音がしたと思うと、御嶽山が噴火しはじめた。2分後の11時54分には噴煙がさらに大きくなる（写真1－14）。12時ごろから火山雷の音が聞こえはじめる。噴煙はさらに上空を覆い、12時すぎから**火山灰**を落としはじめた。最初は雨の割合は少なく、ほとんど灰が小粒にまとまって降ってくる感じだったが、しだいに雨の割合が大きくなり、小粒の練ったセメントが降ってくるような感じになってきた。避難を

写真1-15　下山する登山者たち（13時45分）　練ったセメント状の登山道を8合目から7合目に向けて下る（撮影：田村茂樹）

開始して2、3分のうちに、噴煙が厚くなり真っ暗になったので、ヘッドランプを出して避難を続行した。視界は足元周囲の数mほどで、新月の夜にとても濃い霧に覆われているような感じだった。必死の思いで女人堂に着くと、すでに10人ちょっとの登山者がいた。小屋の中で待機していたところ、12時20分すぎには明るくなってきた。小屋にいた多くの人は、下山できるという情報を待っているのか、上のほうから命からがら逃げてきてそこまで余裕がないのか、留まったままであった。このまま状況が安定すれば下山できると考え、13時すぎに装備を調えて下山を開始した。登山道は一面に灰が積もっており（8合目以下では最大2cm程度）、それが雨の水分を含んでいたため、ぬかるんで靴底にまとわりつき、時々こそぎ落とさないと歩けなかった（写真1-15）。路面は滑りやすく、下山途中に滑って転んで怪我をした人も少なくないのではないだろうか。周囲の草木にも灰が積もっており、下山している最中も絶えず灰混じりの雨が降り注いでいた。

御嶽山の噴火は雲仙普賢岳を超える63名（2020年9月現在）の死者・行方不明者を出す大惨事となった。死者のほとんどは頭や背中に噴石の直撃を受けたのが致命傷となった。警察、消防、自衛隊による捜索活動は困難をきわめた。火山灰が水を吸って粘着性が高く重い泥状になっているためだ。これほどの大惨事になった要因は、噴火した日時だった。噴火した日は紅葉シーズンの週末であり登山者が多く、また、噴火した時間が多くの登山者が山頂付近でお弁当を広げていたお昼ごろだったからだ。その不運さに、なんともいいようのない悲しみと自然の怖さを感じずにはいられない。

なぜ石灰岩から化石がよく見つかるのか？　——**堆積岩**

堆積岩は、砂や泥、礫、火山灰、生物の遺骸などの粒子が海底や湖底に堆積し、じょじょに積み重なって押し固められていき、長い時間を経て化学変化が進んで、硬い岩石になったものをいう。海の底の堆積物は**地殻変動**で**隆起**して山となり、山の堆積岩となる。砂から**砂岩**《さがん》、泥から**泥岩**《でいがん》や**頁岩**《けつがん》、礫から**礫岩**《れきがん》、火山灰から**凝灰岩**《ぎょうかいがん》、生物の遺骸から**石灰岩**《せっかいがん》や**チャート**ができる。

石灰岩からはフズリナやウミユリ、貝類などの**化石**がよく見つかるのも、海底や湖底の生物の遺骸が成因であることによる。古生代後期～中生代にローラシア大陸とゴンドワナ大陸に挟まれた海域で**古地中海**ともよばれる**テチス海**が存在し（81頁、図1－23）、その海域で生成した石灰岩は、現在、アルプス山脈、ヒマラヤ山脈、中国、日本の各地で見られる。日本の秋吉台や平尾台などの**カルスト地形**もそのなごりである。カルスト地形とは、雨水や地下水で溶けやすい、おもに石灰岩からなる地形である。炭酸カルシウム（$CaCO_3$）を主成分とする石灰岩は、雨水などの二酸化炭素を含んだ水（炭酸）と反応し、水溶性の炭酸カルシウムとなる［$CaCO_3 + CO_2 + H_2O \rightarrow Ca(HCO_3)_2$］。

そのためカルスト地形では、雨水や地下水によって石灰岩が溶け、地表にへこんだ凹地形の**ドリーネ**ができ（写真1－16）、それが連続してより大きな凹地の**ウバーレ**、さらに溶けて広がった**ポリエ**と拡大していく。地下で地下水の流れに沿って溶食されてできたものを**鍾乳洞**《しょうにゅうどう》とよび、炭酸カルシウムが溶けたしずくが固まってできたつららの鍾乳石が天井から垂れ下がっているのが特徴である（写真1－17）。石灰岩が風化してできた土壌は**テラロッサ**とよばれ、地中海沿岸に広く分布している。
　石灰岩はセメントの原料になり、日本では唯一豊富にある鉱産資源である。新幹線で名古屋から京都に向かう途中、右側の車窓から日本百名山の一つである伊吹山（1377m）が間近に見える。伊吹山は冬の北西の季節風を受けて多雪なため、標高は1377mでありながら山頂付近に高山植物が生育する**偽《ぎ》高山帯**が成立している。雪が多いため樹木が生育できず、そこに高山植物が分布しているのだ。

写真1-16　凹地のドリーネ（ナミビア）　石灰岩が雨水などの溶食によってできた

　そのため、「伊吹」の名がつく植物は、イブキジャコウソウやイブキトラノオなどの高山植物をはじめ20種以上にのぼる。伊吹山は日本書紀や古事記にも記され、伊吹山をうたった和歌は小倉百人一首にも採録されている。しかし、1952年に伊吹山麓でセメント工場が操業を開始すると、石灰岩の採掘で伊吹山は無残な姿になっていく。新幹線で通過するたびにその痛々しい姿を見ることになる。伊吹山頂の草原植物群落は植物天然記

写真1-17　奈良県吉野郡の面不動鍾乳洞

写真1-18　ボリビアのチャカルタヤ山の頁岩の斜面　頁岩は頁（ページ）のように薄く割れる性質がある

念物に指定され、9種の固有種を含み約1300種類の植物が生育している。

泥が堆積してできたのは**泥岩**だが、泥岩のうち薄く層状に割れやすい性質をもつものを**頁岩**とよんでいる。これは、本の頁（ページ）のように薄く割れることに由来している（写真1－18）。

大理石はなぜ硬くて美しいのか？――変成岩

堆積岩や**火成岩**が、地球内部の高温や高圧によって性質が変わって別の岩石になったものを**変成岩**とよぶ。堆積岩のところに割れ目に沿って**マグマ**が貫入すると、その周辺が**熱的変成作用**を受けて変成岩になる。現在の京都の東山にあたる一帯は「丹波《たんば》層群」とよばれる堆積岩の地層からなっている。この地層が中生代ジュラ紀（いまから約1億5千万年前）に陸化し、その後、中生代白亜紀（約9500万年前）に、地下にマグマが上昇し、マグマは地下でゆっくり冷えて固まり、**花崗岩**をつくった。このマグマの高熱でまわりの堆積岩の地層は熱的変成作用を受け、丹波層群の泥岩や砂岩は、**ホルンフェルス**という硬い変成岩に変化したのである。硬いため、角のように割れるので、ドイツ語で角を意味するホルンという名前がついている。ヨーロッパの山で有名なマッターホルンのホルンも、角のような頂という意味から来ている。比叡山と大文字山のあいだの花崗岩の分布する場所は侵食されて低くなり、硬いホルンフェルスの部分は侵食されにくいため、比叡山と大文字山の頂となっている（図1－28、写真1－19）。

変成岩の代表的なものに**大理石**がある。大理石は石灰岩が熱による変成作用を受けて再結晶したもので、石灰岩に比べて非常に硬く、美しい光沢があるため、ホテルのロビーなどの高価な建築材として利用される。

圧力によっても岩石は変成する。一定方向から圧力を受けることが多いため、一定の方向性をもった岩石になる。泥が固まってできた泥岩は圧力を受けて**粘板岩**《ねんばんがん》（**スレート**）に変わり、さらに**千枚岩**《せんまいがん》、**結晶片岩**《けっしょうへんがん》、**片麻岩**《へんまがん》へと変わる。同じ方向に割れやすい構造をもつため、粘板岩はこの構造を利用して薄く割り、屋根瓦や硯《すずり》として利用されてきた。

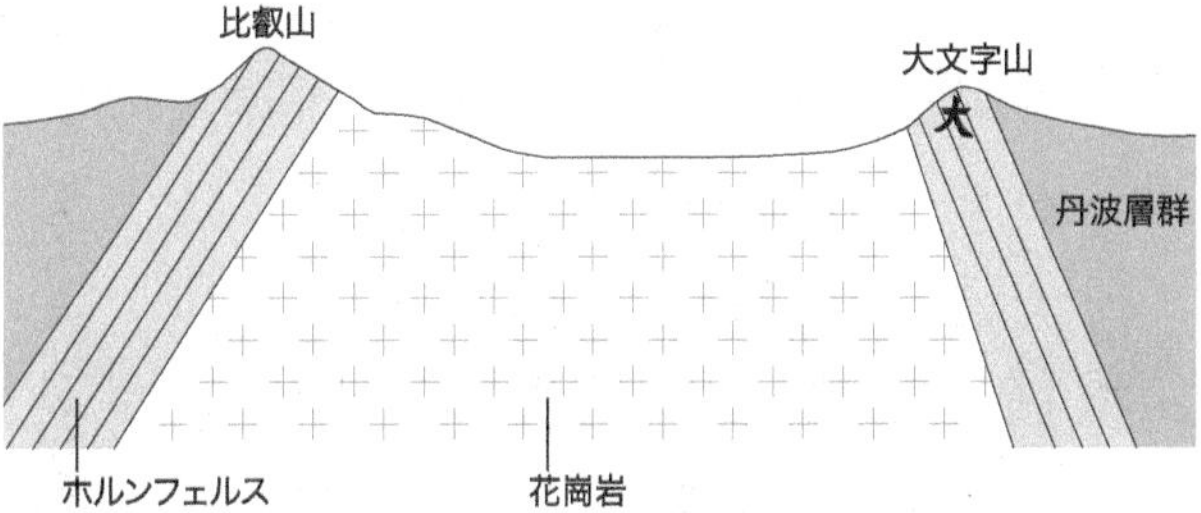

図1-28　比叡山と大文字山のあいだの模式断面図

写真1-19　左が比叡山、右が大文字山（出町柳付近の鴨川より遠望）

北海道にはなぜ丸い湖が多く、その脇に温泉地があるのか？

——カルデラの形成

火山が噴火すると山頂には**火口**ができる。その火山性の火口状凹地が直径約2㎞より大きいものを**カルデラ**とよぶ。カルデラで多いのは、大規模な噴火によって地下の**マグマだまり**から火山灰、火砕流、軽石、溶岩などの火山噴出物が大量に噴出するなどして、マグマだまりが空洞になり、そこに地表が落ち込んで陥没してできた**陥没カルデラ**であり、箱根カルデラや阿蘇カルデラなど日本の主要なカルデラはこれにあたる。ほかには、火道に噴出物が詰まるなどして、地中で水蒸気がたまり、たまった水蒸気が上の部分を吹き飛ばして山体が崩壊してできた**爆発カルデラ**や、火口が侵食によって大きくなった**侵食カルデラ**があるが、これらは少ない。

爆発カルデラの代表的なものに1888年の磐梯山噴火によって山体が崩壊してできた磐梯山カルデラがある。カルデラに水がたまると**カルデラ湖**ができる（写真1－20）。カルデラは一般に丸い形をしているので、比較的丸い形の湖はカルデラ湖の可能性が高い。北海道の洞爺湖《とうやこ》、支笏湖《しこつこ》、屈斜路湖《くっしゃろこ》、東北の田沢湖《たざわこ》、十和田湖《とわだこ》などのカルデラ湖はどれも比較的丸い形をしており、周辺に火山や温泉が見られる。カルデラ

写真1-20　ラノカウ山のカルデラ湖（火口湖）　ラパヌイ（イースター島）

の縁の尾根部分を**外輪山**《がいりんざん》、カルデラ内にあらたにできた小規模な火山を中央火口丘とよび、阿蘇中岳や箱根駒ヶ岳はこれに相当する。

地震が先か、断層が先か？

――断層と地震

海洋プレートが**大陸プレート**の下に沈み込むときに歪みがたまり（75頁、図1-22）、それを解消する現象が地震となる。**南海トラフ**の各所では東海地震、東南海地震、南海地震などのマグニチュード8クラスの巨大地震が約100年から200年ごとに発生している。地震によって地層や岩盤に力が加わって亀裂ができるが、それが**断層**である。一度断層ができると、強度の弱い断層に沿って繰り返し地震が引き起こさ

写真1-21　横ずれ断層を示す野島断層（野島断層保存館）

れる。カリフォルニアにある**サンアンドレアス断層**は1930km以上におよぶ長大な断層で（72頁、図1－20）、サンフランシスコやロサンゼルスで大きな被害が生じた地震はこの断層が影響している。

日本では、1891年（明治24年）に**濃尾《のうび》地震**の震源となった岐阜県の**根尾谷《ねおだに》断層**、1930年（昭和5年）の**北伊豆地震**の震源となった**丹那《たんな》断層**、1995年（平成7年）の**兵庫県南部地震**の震源となった**野島《のじま》断層**などが有名である。

野島断層は、断層に沿って南東側が約50cm～1・2m隆起し、南東側が南西方向に約1～2m横ずれした（写真1－21）。断層の手前から見て向こう側が相対的に右にずれているのを**右横ずれ断層**（写真1－21）、左にずれているのを**左横ずれ断層**というが、野島断層の場合は右横ずれ断層である。

また、地下に斜めに入った割れ目を境に、水平方向に両側から押されて片方が斜め下へ、もう片方がそれにのしかかるように斜め上に動く断層を**逆断層**、両側から引っ張

写真1-22　岐阜県の阿寺断層

られるようにして割れ目を境に片方が他方の上をすべり落ちるような方向に動くのを**正断層**とよんでいる。野島断層は逆断層である。

東京大学出版会から出ている『日本の活断層』という大型本は、日本の活断層を知る上で重要な情報が詰め込まれている。この税抜きで3万5000円もする『日本の活断層』は東大出版会を立て直すほど売れたといわれている。

写真1-22は、岐阜県中津川市神坂から下呂市萩原町山之口にいたる全長約70kmの**阿寺断層**を示す。阿寺断層は写真左の白い塀の崖から写真中央の樹木のある崖を通って、両者のあいだはずれによって数十mの高低差が生じている（断層の両側で坂下地区の住宅の建っている高さが大きく異なる）。

阿寺断層北部が震源で、1586年（天正13年）に天正地震が生じたと推測されている。この地震で帰雲山が山崩れをおこし、飛騨国帰雲城は埋没して城主の内ヶ島氏理とその一族は全員死亡し、内ヶ島氏は滅亡した。

火山噴火で文明が滅びる？――火山灰と歴史

火山が噴火すると**火山灰**を上空高くまで噴き上げ、それが**偏西風**（**ジェット気流**）に乗って西から東のほうに流される。阿蘇カルデラから噴出した阿蘇4（Aso-4）火山灰は九州から北海道まで、現在のところもっとも広範囲に日本を覆っている（図1-29）。鹿児島の姶良《あいら》カルデラの噴火も激しいものであったことが想像できる。この大爆発で火山体は埋没して鹿児島湾ができた。広範囲にAT（姶良Tn）火山灰を分布させ、**火砕流**は鹿児島・宮崎・熊本県にわたる広大な**シラス台地**を形成した。姶良カルデラの爆発時期は2万6000～2万9000年前であり、九州にはそのころすでに旧石器文化をもつ人々が生活していたが、この大噴火によりすべて死滅したと考えられている。なぜならば、AT火山灰層の上と下とで、出土する石器の様式が異なっ

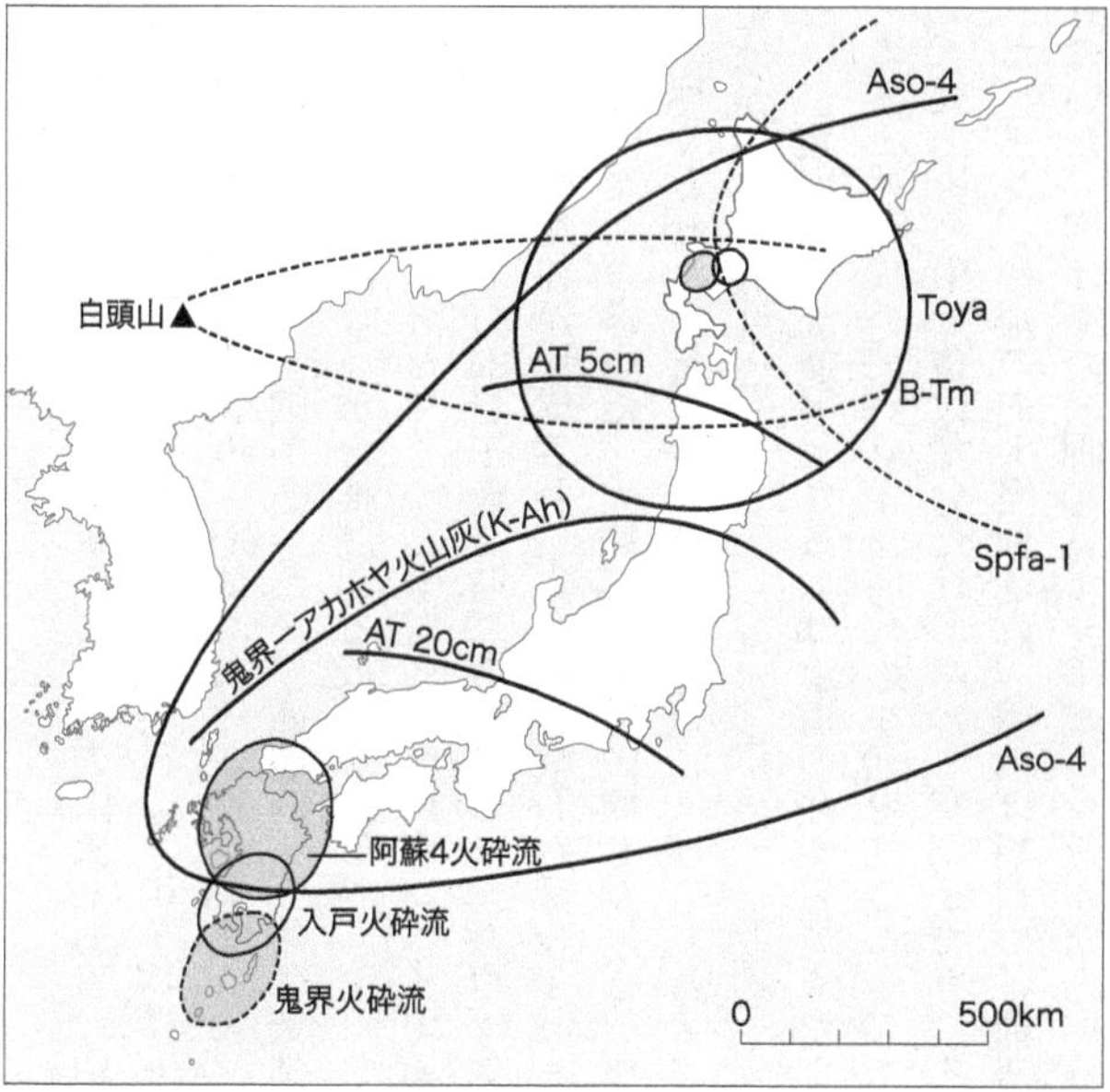

図1-29　日本周辺の広域火山灰と火砕流の分布（町田・新井1980、日本第四紀学会1987、小野・五十嵐1991）　K-Ah は完新世の約7300年前に九州の鬼界カルデラから噴出した広域火山灰で、鬼界ーアカホヤ火山灰とよばれている

ているからだ。

日本には、海外から飛んできて分布している火山灰もある。中国と北朝鮮の国境にそびえる**白頭山**《はくとうさん》から飛んできたB-Tm火山灰だ。噴出年代は926年、937〜938年、946年など諸説があり、日本では平安時代にあたる。かつて中国東北部から北朝鮮にかけて**渤海**《ぼっかい》という国があったが、西暦926年に突然滅亡しており、この白頭山の噴火が原因ではないかと推測する仮説もある。

火山噴火で消滅した町としてもっとも有名なのは**ポンペイ**であろう。イタリアのナポリ近郊にあり、79年8月24日午後1時ごろにはじまった**ヴェスビオ火山**の噴火は高さ30㎞もの巨大な噴煙柱が形成され、火山灰と軽石が深夜1時まで降下した。それに続き翌日午後8時までのあいだ、火砕流が町を破壊したうえ、厚さ20m以上の軽石と火山灰で埋め尽くされた。その後1000年以上、埋もれたままだったポンペイの町は、18世紀になって発掘がはじまった（写真1-23）。発掘によって、住居から大劇場、公衆浴場、薬屋から洗濯屋、さらには水道の弁から焼きたてのパン、選挙ポスターなどがそのまま残っていて、ローマ時代の生活を知ることができる。生き埋めになった人々も、火山灰の中で遺体部分だけが腐って空洞ができ、そこに石膏を流し込んで再現された。また、娼婦の館も発掘され、壁には娼婦の各種サービス内容が壁画として描かれていた。客はその壁画を見てサービスを選んだという。

写真1-23　ポンペイの遺跡　背後はヴェスビオ火山

十勝平野で調査されていた平川一臣さんや小野有五さんが、広尾の海食崖の地層で奇妙な**軽石**を発見した。小野有五・五十嵐八枝子著『北海道の自然史』によれば、周辺のほかの軽石はたいてい輝石という鉱物が含まれているのに、これだけは角閃石《かくせんせき》という鉱物が多い。地質図を見ても、北海道の西のほうにある火山はみな輝石に富む安山岩でできていて、角閃石の多い火山は日本海の渡島大島《おしまおおしま》しかない。渡島大島から広尾《ひろお》まで飛んできた軽石なら、もっと道南に厚く堆積していなければならないが、発見されていない。この謎を解明したのが当時東京都立大学の大学院生だった山縣耕太郎さん（現、上越教育大教授）だった。

山縣さんは函館の東にある銭亀《ぜにがめ》海岸の崖で、奇妙な軽石層が厚さ8ｍも堆積しているのを発見した。あの角閃石を多く含む軽石である。鉱

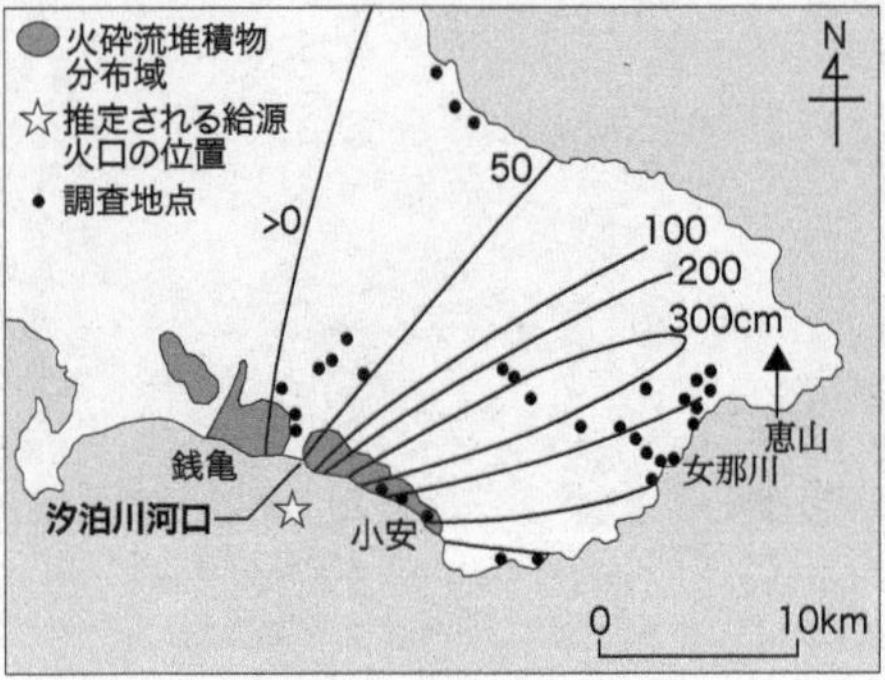
火砕流堆積物
分布域
☆推定される給源
火口の位置
• 調査地点
N
>0
50
100
200
300cm
銭亀
汐泊川河口
小安
女那川
恵山
0
10km

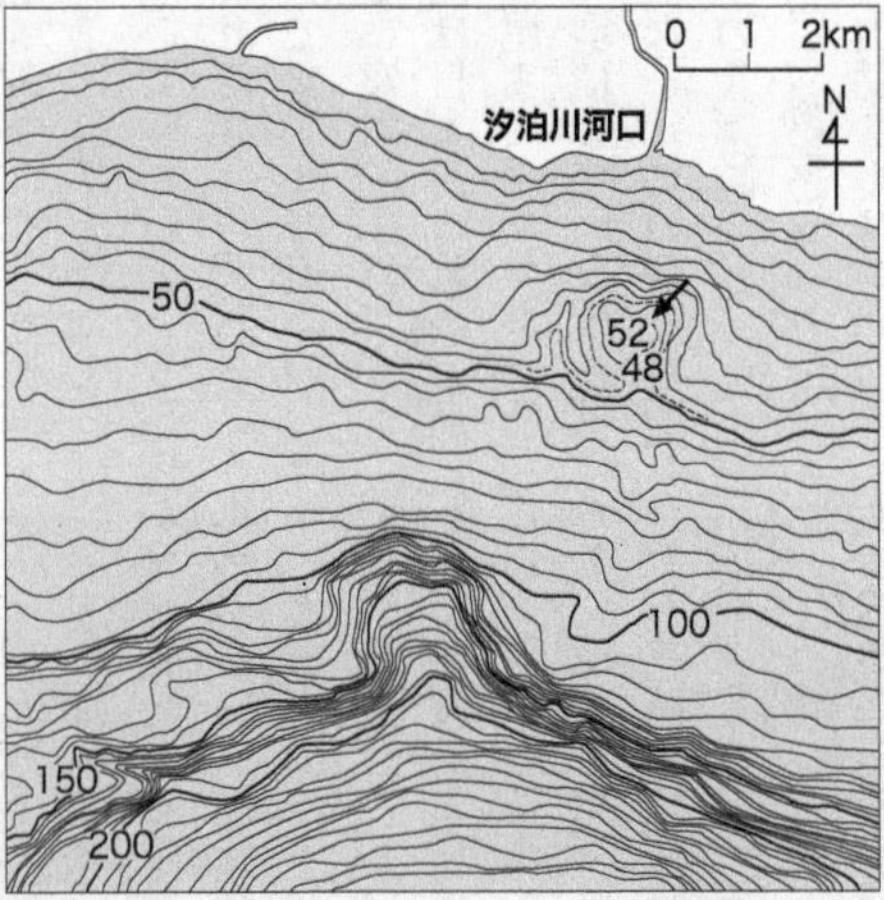
0 1 2km
N
汐泊川河口
50
52
48
100
150
200

物の結晶は光を屈折させるが、屈折率は鉱物によって異なるため、軽石の成分の屈折率を利用して、広尾の軽石と銭亀の軽石が同じものであることが判明した。そして、軽石層の厚さが内陸側から銭亀の海岸に向かって増大していることに注目し、その噴出源は軽石層がもっとも厚くなる軸の延長線上にあるに違いないと判断して、噴出源を図の☆の場所と予想した（図1-30）。山縣さんは函館沖の海底地形図を見たところ、まさに☆の場所に直径2㎞の円形の凹地があった（図1-31）。この凹地こそ海底火山の**カルデラ**（**火口**）であったのだ。

図1-30（右頁上）　銭亀ー女那川（めながわ）降下軽石層（Z-M）の等層厚線（山縣ほか1989、小野・五十嵐1991）

図1-31（右頁下）　海底地形図にあらわれた銭亀ー女那川降下軽石層の給源火山（山縣ほか1989、小野・五十嵐1991）　5万分の1の津軽海峡中央北部測量原図（1914年測量、水路部）の海図に基づく。等深線の間隔は5m。矢印の凹地が給源火山の位置

1-4　海の地形

ハワイ諸島はなぜ西北西に一列に並んでいるのか？

——**火山島**

海底には**ホットスポット**とよばれる、下部**マントル**付近から上部マントルに向かって定常的に熱い物質が上昇している場所があり、マグマが海底から噴出すると火山島ができる。太平洋には**東太平洋海嶺**という海底の割れ目があって、そこから**プレート**（地球表面を覆う厚さ100kmくらいの岩盤）が生産され、そのプレートはマントルから日本のほうとチリのほうに押し寄せ、それぞれ**日本海溝**と**チリ海溝**に沈み込む（72頁、図1-20）。ホットスポットの位置は固定されており、**海洋プレート**はその上を移動していく。太平洋プレートは平均8cm／年の速度で西北西に移動し、ハワイのところにあるホットスポットでときどきマグマが噴出し**火山島**が誕生していった。それにより約6000kmにわたってハワイ-天皇海山列が続き、天皇海山列の北西端の火山岩の年代は7500万年前だった。

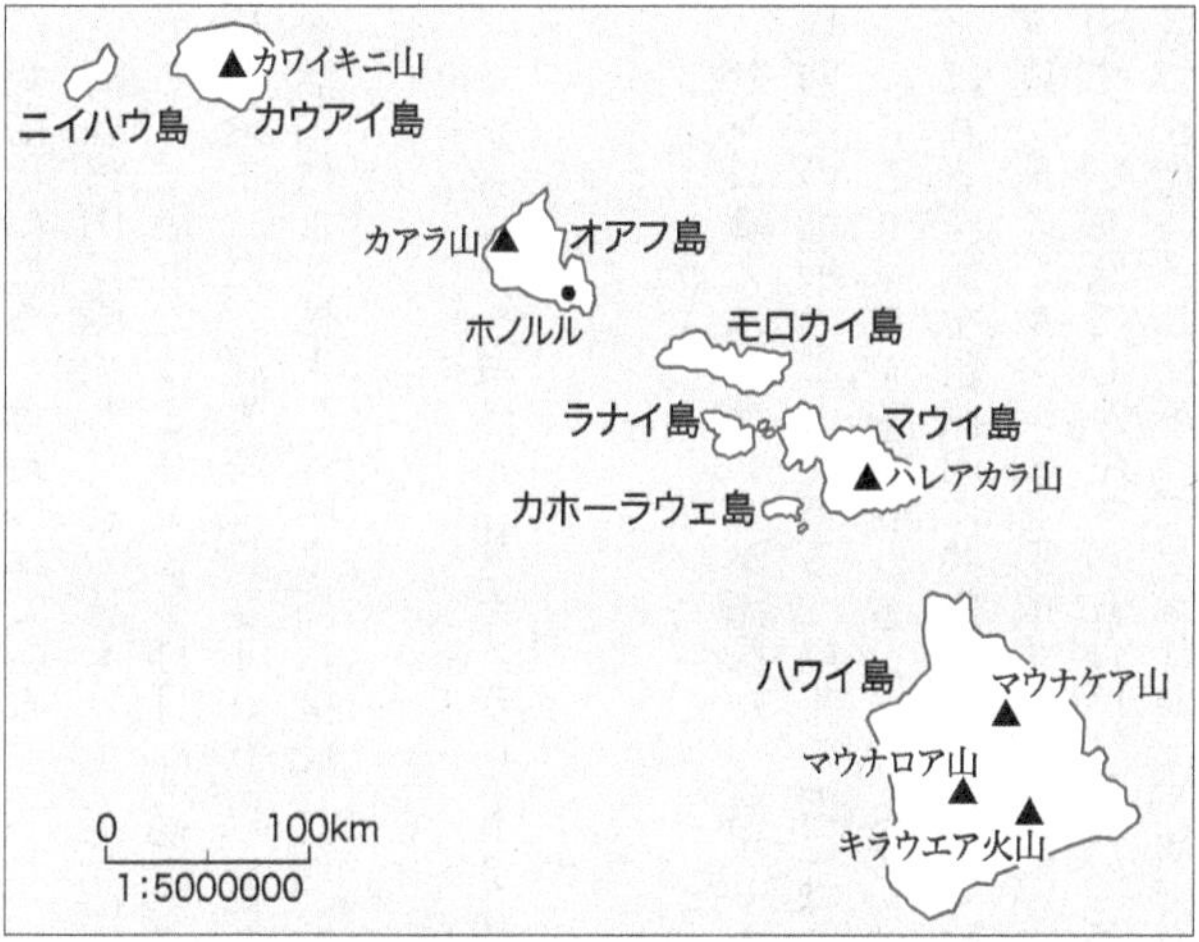

図1-32　ハワイ諸島の配列

ハワイ諸島では最初にカウアイ島ができ、次にマグマが噴出したときにオアフ島が、さらにモロカイ島、マウイ島、ハワイ島と約100万年ごとに次々に誕生した。そのため、最後に誕生したハワイ島がハワイ諸島では現在もっとも火山活動が活発である。プレートは西北西方向に移動しているため、それらのハワイ諸島は西北西方向に一直線に並んでいる（図1－32、1－20）。4500万年前以前に生まれた北北西方向の天皇海山列と4000万年前以降に誕生した西北西方向のハワイ火山列が、ミッドウェー諸島を境に火山列の方向が屈折しているのは、約4000万年前に太平洋プレートの移動方向が変化したためと考えられている。

海底火山が噴火してその積もり上った溶岩が海面上に出れば、新しい火山島の誕生である。最近では2013年11月に小笠原諸島の西之島付近で海底火山が噴火して新島が誕生した。誕生時に長さ400m、幅200mだったこの小さな島は、その後噴火活動により拡大し、西之島に接続した。

サンゴ礁の海はなぜエメラルドグリーンなのか？

——サンゴ礁

サンゴ礁とは、サンゴが海底から高まりをつくって、海面付近で防波構造をもった堤防状の地形のことである。熱帯の海にはサンゴ礁が広がっているが、そのサンゴ礁をつくるサンゴを**造礁《ぞうしょう》サンゴ**とよび（サンゴ礁をつくらないサンゴもある）、**褐虫藻《かっちゅうそう》**とよばれる藻類を組織内に共生させている。褐虫藻を共生させている造礁サンゴは成長速度が速く、サンゴ礁を形成する。褐虫藻は光合成を行うために、太陽の光が届く透明で浅い海底でしか生きられない。また、最寒月の表面海水温が18℃以上でないと生息できない。したがってサンゴ礁は、熱帯の島の周縁の浅い海にできている。日本付近のサンゴ礁の北限はトカラ海峡、種子島、長崎県の壱岐《いき》あたりで、これは世界のサンゴ礁の北限にあたる。また、日本付近のサンゴの北限は太平洋側が千葉県の房総半島、館山《たてやま》付近、日本海側が新潟県佐渡島あたりである。日本付近がサンゴおよびサンゴ礁の北限になっているのは、**日本海流**（**黒潮**）や**対馬《つしま》海流**という暖流の影響が大きい。

　火山島の海岸線付近の浅い海でできるサンゴ礁も、地殻変動や気候変動による海面上昇で島が海に沈むにつれて、光を求めて上へ上へと伸びていく。最後に島がまったく海面下に沈んでしまうと、島はなくてもサンゴ礁の輪だけが海面すれすれのところに出ている。このように島の海岸線付近にあるサンゴ礁の**裾礁**《きょしょう》、島から少し離れてサンゴ礁があって、そのあいだに**ラグーン**とよばれる**礁湖**《しょうこ》がある**堡礁**《ほしょう》、サンゴ礁の輪だけが見られる**環礁**《かんしょう》に区分される（図１-33）。

　ミクロネシアのマーシャル諸島北西端にエニウェトック環礁があり、直径約30㎞で、約40の小島でつくられている。このサンゴ礁でボーリング調査をしたところ、１２５０ｍ掘ったら玄武岩でできた火山の最上部に達した。１２５０ｍの厚さはサンゴが堆積してできた石灰岩だったのである。その石灰岩の最下部は、そこに含まれる化石から約４２００万年前のものと判断された。つまり、島が沈降するにつれ、サンゴ礁は４２００万年かかって上へ上へと成長し、その高さが１２５０ｍにもなったのである。その沈降速度は古い時代ほど速く、4000万年前は1000年間で約5・2cm、2000万年前は4cm、500万年前以降は1・5cmと推定されている。火山は海洋底から3200mもあり、エニウェトック環礁は海洋底から高さ4450mにも達している。

堡礁で有名なのがオーストラリアのグレートバリアリーフで、世界的観光地になっている。**環礁**で有名なのが、日本の**沖ノ鳥島**である。沖ノ鳥島は干潮時には南北約1・7km、東西約4・5km、周囲約11kmほどのコメ粒形をした環礁のサンゴ礁が海面からあらわれる島であるが、満潮時には、面積7・86m²、標高が約1mの北小島が海面上に約16cmあらわれ、面積1・58m²、標高が約0・9mの東小島が約6cm海面上にあらわれるにすぎない。海洋法に関する国際連合条約（国連海洋法条約）第121条では、島は、自然に形成された陸地であること、水に囲まれていること、高潮（満潮）時に水没しないことと定義されている。国土交通省は、日本を構成する島は6852あるとしている。この沖ノ鳥島の二つの小島が波で削られて満潮時に海面からあらわれないと、沖ノ鳥島は国際的に島と認定されず、膨大な**排他的**《はいたてき》**経済水域**（自国の基線（海）から200海里（約370km）の範囲内の水産資源および鉱物資源などの非生物資源の探査と開発に関する権利が得られる水域）を失うことになってしまう。そのため日本政府は消波ブロックなどを設置して消滅を防いでいる。日本の領土面積は

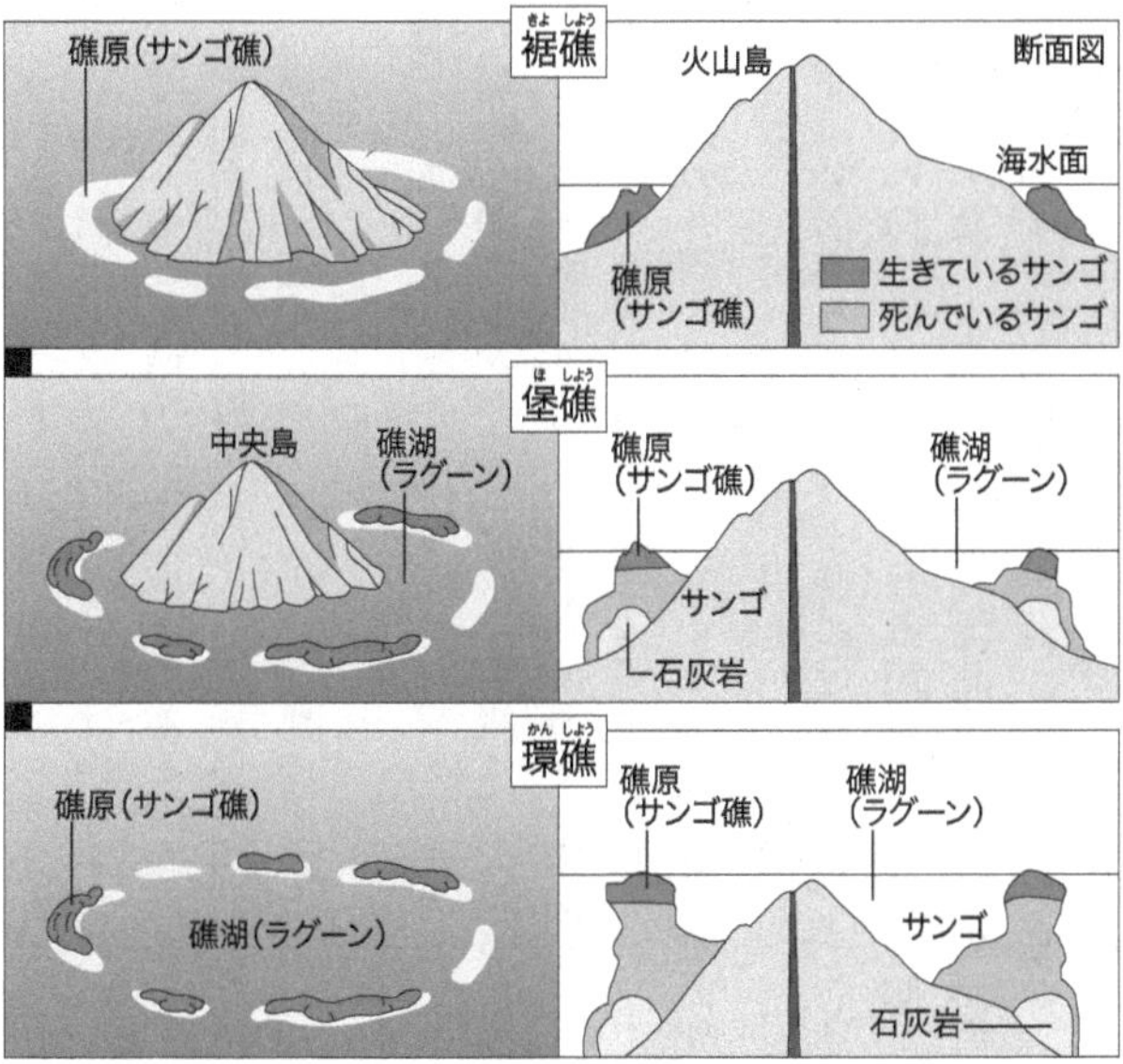

裾礁《きよしょう》
礁原（サンゴ礁）
火山島
断面図
海水面
礁原
（サンゴ礁）
生きているサンゴ
死んでいるサンゴ
堡礁《ほしょう》
中央島
礁湖
（ラグーン）
礁原
（サンゴ礁）
礁湖
（ラグーン）
サンゴ
石灰岩
環礁《かんしょう》
礁原（サンゴ礁）
礁湖（ラグーン）
礁原
（サンゴ礁）
礁湖
（ラグーン）
サンゴ
石灰岩

図1-33　サンゴ礁

約38万㎢で、世界第61位だが、**領海**と排他的経済水域をあわせた広さでは約447万㎢で世界第6位である。領土と水域面積の合計では約485万㎢と世界第9位となる。日本は小さな島国だが、その水域がいかに広大であるかがわかるであろう。したがって日本は今後この広範囲の経済水域における地下資源の開発に期待をかけているのだ。また、その反面、海底地下資源をめぐって**尖閣**《せんかく》**諸島**のようなあらたな**領土問題**も生じてくる。

海外に行くと見られる、エメラルドグリーンの美しい海はたいていサンゴ礁の海である。なぜなら、堡礁や環礁のラグーンは水深が浅く、太陽の日射が海底まで届いて反射して、美しいエメラルドグリーンの海をつくるからである。たとえば堡礁の場合、堤防状のサンゴ礁の内側のラグーンは水深が浅くエメラルドグリーンをなしているが、波が砕け散るサンゴ礁の外側は急に水深が深くなって日射が海に吸い込まれるため濃い青色をしている。

アフリカのタンザニアにあるザンジバル島に行ったとき、その島が堡礁であったため海岸から遠く先に波が白く砕け散るサンゴ礁が見え、その内側はエメラルドグリーンの美しいラグーンだった。干潮のときには堤防状のサンゴ礁が海面から露出するため、そのサンゴ礁まで漁師と一緒にボートで行って、そこに転がっているサザエやウニを拾ってきた。地元の人はウニを食べないので、みんなもらって後で食べようとしたが、一つのウニから取れる身の量が少なく、スプーンで一つ一つかき出すのは大変な作業だった。ラグーンの水深が人間の腰くらいの深さしかなかったため、漁師は長い棒を海底に突き刺しながらボートを前に進めていった。途中、腰まで水に入ってタコを捕っている漁師たちを多数見かけた。

イースター島（ラパヌイ）は、面積が約１６６㎢しかない（小豆島とほぼ同面積）。サンゴ礁はほとんど発達していないため、海岸は断崖絶壁が多く、その眼下は深い青色をなしていた。島をつくっている三つの火山のうち、ラノカウ山は約２５０万年前に噴火した火山で、直径約１６００ｍの**火口湖**（**カルデラ湖**）（１０５頁、写真１－20）をもっていた。島には玄武《げんぶ》岩《がん》や凝灰《ぎょうかい》岩《がん》、粗《そ》面《めん》岩《がん》、黒曜石《こくようせき》などが分布し、多くのモアイ像は削りやすい凝灰岩を使っているが、玄武岩や粗面岩を利用しているものもわずかだが存在していた。日本からイースター島に行くには二通りある。一つはアメリカ経由でチリに行き、サンティアゴからチリ領のイースター島に毎日便がある飛行機で行く方法。もう一つが、タヒチに行って、そこから週1便のイースター島行きに乗る方法である。私は後者の方法で行ったため、飛行機の乗り継ぎのために行き帰りに数日タヒチに滞在した。タヒチはサンゴ礁の堡礁（写真１－24）や環礁の島々からなっている。堡礁の島の港から船で出ると、しばらくはエメラルドグリーンのラグーンが広がり、そして波が砕ける堤防状のサンゴ礁にさしかかると、そこから先は深い青

写真1-24　ラグーン（礁湖）とサンゴ礁　タヒチの島を取り囲んでいるサンゴ礁の堤防状地形で波が砕け、浅いラグーンと深い海とのあいだに白い輪をつくっている

色の海になる（写真1－25）。タヒチには成田から直行便が飛んでいるため、その飛行機に乗ると、ほとんどの乗客が新婚カップルで、そのなかでおじさんひとりの私は非常に目立った。サンゴ礁のエメラルドグリーンのラグーンで戯れるには、まだ愛の新鮮な新婚カップルがピッタリなのだろう。

かつて**国際連盟**からの**委任統治領**でたくさんの日本人が住んでいたパラオに行ったとき、その北部に位置するカヤンゲル環礁まで船で行った。干潮になるとリング状のサンゴ礁が海面からあらわれる。満潮になるとそのリングの一部は海面下になり、標高が高くてつねに海面上の土地に集落があった。パラオの人々は日本統治下に入ってきた外来語としてたくさ

写真1-25　波が白く砕けるサンゴ礁がその内側のラグーン（礁湖）と外側の海とのあいだにコントラストをつくっている（タヒチ）

んの日本語を使っている。デンキ、デンワ、センプウキ、センセイ、ダイトウリョウ、クルマ、ハイシャ、オキャク、オツリ、ハゲ（はげ山から）、ハブラシ、チチバンド（ブラジャーのこと）……である。また、パラオの人名にも日本名が数多く見られた。老人たちは花札に興じている。遠いサンゴ礁の島にも日本があった。

リアス海岸とフィヨルドはどのようにできたのか？

――**海岸地形**

２０１１年3月11日におきた**東日本大震災**は、日本にとって歴史的大惨事であった。とくに、地震によって引き起こされた**津波**は東北地方の太平洋岸に大きな被害をもたらした。その大きな被害をもたらした大きな要因の一つとして三陸海岸が**リアス海岸**であることが挙げられる（図1－34）。

谷が沈水してできた入り江を**溺《おぼ》れ谷**とよぶ。険しい**壮年期山地**が沈水すると、海岸線に垂直に立つ尾根が岬になり、谷（川によって開析されてV字型をしているので**V字谷**とよぶ）が入り江となって、それが連続して鋸《のこぎり》の歯のようになった海岸線をリアス海岸という（写真1－26）。水深が深いため良港となり漁業がさかんとなるが、一方、背後に急傾斜の山地が迫り、交通が不便でかつ平地が狭いので大きな貿易港は発達しにくい。そして海岸線に対して垂直に谷が延び、湾口に比べて奥のほうが狭くなっているため、津波は奥に行くにしたがって高さを増幅させ、大きな被害をもたらす。スペインの北西岸であるリアス地方で典型的な地形が見られるため語源となった。海岸線に対して平行な開析谷が沈水した場合は、**ダルマチア式海岸**とよばれる。こちらはクロアチアのダルマチア地方に見られる。

一方、氷河が削ってできたU字谷が沈水したものを**フィヨルド**とよぶ。湾口から湾奥まで幅があまり変わらずに細長く延びている（図1－34）。湾奥を除いて両岸が断崖絶壁になっている場合が多く、水深も深い。ノルウェーにある**ソグネフィヨルド**は世界で二番目に大きなフィヨルドである（写真1－27）。私自身が訪問したフィヨルドは、ニュージーランド南東の西岸にあるフィヨルドと、このソグネフィヨルドである。ノルウェーの首都オスロからベルゲン鉄道に乗って、ミュルダールまで行き、そこでフロム鉄道に乗り換えてフィヨルドの奥に位置するフロムまで行く。フロムから5時間半のフィヨルドの船旅で、漁業都市ベルゲンまで行く。ベルゲンから夜行寝台列車でオスロに戻った。ニュージーランドの場合もそうだが、フィヨルドの船旅はほんとうに感動の連続である。船はフィヨルドの深く青い静かな水面をゆっくりと進み、

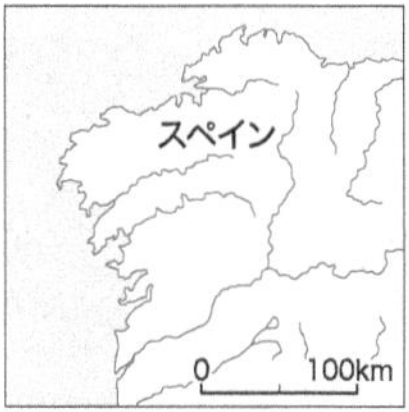

リアス海岸
（スペイン北西海岸）

三角江（エスチュアリー）
（ドイツ北海岸）

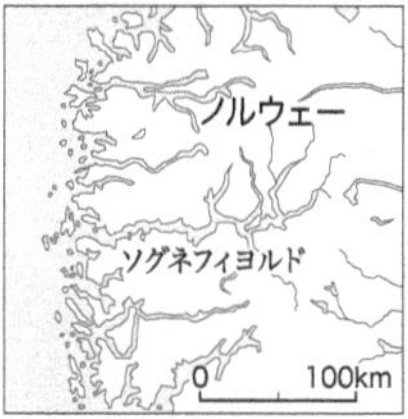

フィヨルド
（ノルウェー西海岸）

図1-34　沈水海岸の例

写真1-26　若狭湾（福井県）のリアス海岸　谷が沈水して入り江に、尾根が岬になり、それらが連続して鋸の歯のような海岸線をつくる

写真1-27　世界で二番目に大きなソグネフィヨルド（ノルウェー）　両岸が断崖絶壁で囲まれ、水深は深い

両側の絶壁に時折空高くから水しぶきをあげながら滝が舞い降りる。まさに神秘的な光景である。また、ベルゲン鉄道やフロム鉄道の車窓から見られる風景は、これまで見たことのないものだった。それは、かつて氷床に覆われ、氷河に削られたなだらかな荒涼とした原野である。

世界の大平野には、大河川の河口部が沈水してラッパ状（三角状）の入江が見られることがあり、**三角江**《さんかくこう》**（エスチュアリー）**とよばれている（図1-34）。広大な平野が後背地となるため、大都市が立地しやすい。ライン川（ロッテルダム）、テムズ川（ロンドン）、エルベ川（ハンブルク）、セーヌ川（ルアーブル）、ラプラタ川（ブエノスアイレス、モンテビデオ）などがその典型である。

氷河の重みでへこんでできた湾
――ハドソン湾とボスニア湾

カナダの**ハドソン湾**や北欧の**ボスニア湾**のあたりには氷河時代に厚く**氷河（氷床）**が覆っていた。その氷河の重みで地殻の下のマントルが周辺に逃げて地殻が沈み込み、ハドソン湾やボスニア湾ができた。しかし、氷河期が終わると**マントル**が戻りつつあり、地殻が上昇するという**アイソスタシー**現象が生じた。これによってボスニア湾では過去1万年間で250mほどの隆起を記録しており、スカンジナビア半島南端近くでは50mほどの隆起があるといわれ、現在でも年間約1cmずつ隆起し続けている。

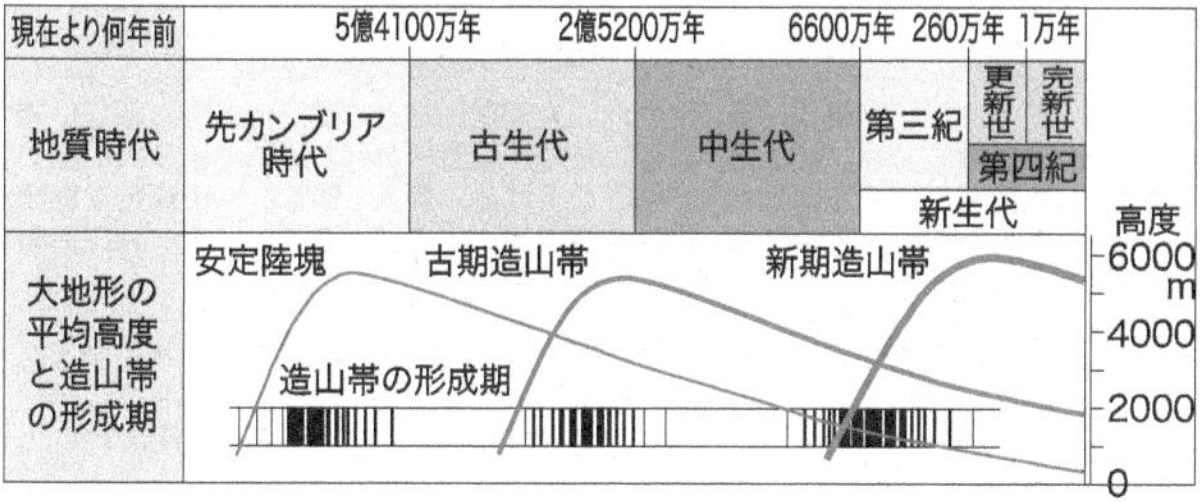

図1-35　地質時代と造山帯の形成期

1-5 世界の地質・地形と鉱産資源

山脈の高さの違いは何によるのか？
――世界の大地形と造山運動

先カンブリア時代に**造山運動**を受け、古生代以降はゆるやかな**造陸運動**だけを受けた地域を**安定陸塊**《あんていりくかい》とよぶ（図1-35、図1-36）。そのうち、先カンブリア時代の山地が侵食された盾状の地形を**楯状地**《たてじょうち》、楯状地の上に古生代以降の地層がほぼ水平に堆積した卓状の地形を**卓状**《たくじょう》**地**《ち》という。古生代以降の約5億年間に侵食されて平坦な地形になった。

古生代に激しい造山運動を受け、その後侵食された山地を**古期造山帯**とよぶ。1億年以上の長い期間に侵食されて、標高の低い**老年期山地**となる。ただし、テンシャ

	安定陸塊	古期造山帯	新期造山帯
性格	先カンブリア時代に造山運動を受け、後は造陸運動だけの安定した古大陸塊。楯状地ともよばれる。	古生代に大褶曲山地となる。その後侵食されて高度を下げる。第三紀に断層作用による断裂を受ける。	第三紀以降の激しい造山運動により大山脈となる。造山運動を継続中で、地震・火山活動が活発。
地形の特色	地表の侵食が進み、一般に高度1,000m以下で、台地や平原（準平原、構造平野）を成す。	山頂が平坦な丘陵性山地、断層による地塁山地・地溝盆地が多い。	壮年期の帯状山脈または弧状列島を成し、盆地や海盆・海溝を持つ。
分布地域	**①ローレンシア（カナダ）** 楯状地。ハドソン湾を中心とする。 **②フェノサルマチア** バルト楯状地（フェノスカンジア）とロシア卓状地を合わせたもの。 **③アンガラランド** シベリア卓状地とも言い、東南部のアルダン楯状地を含む。 **④ゴンドワナランド** ブラジル地塊・アフリカ卓状地・アラビア卓状地・インド地塊・オーストラリア卓状地・南極大陸（東南極）などは、かつて一つの大陸であったと考えられている。 アフリカ大地溝帯は新しい地殻運動。 **⑤中国陸塊** アジア大陸の東部。	**⑥カレドニア山系** スコットランド高地、スカンジナビア山脈、スバーバル諸島など。 **⑦ヘルシニア山系** フランス中央高地、ブルターニュ半島などの系列（アルモリカン系統）。 フランス中央高地、ジュラ、ボージュ、エルツ、ズデーテン山脈などの系列（バリスカン系統）。 **⑧アルタイ山系** テンシャン、クンルン、チンリン、アルタイ、ヤブロノイなどの各山脈。 **⑨アパラチア山脈** **⑩ウラル山脈** **⑪グレートディバイディング山脈** **⑫ドラケンスバーグ山脈**	**⑬環太平洋造山帯** 日本列島、フィリピン諸島、ニューギニア島、ニュージーランド島、千島列島、ロッキー、カスケード、シエラネバダ（アメリカ）、シエラマドレ、西インド諸島、アンデス、西南極など。 **⑭アルプス・ヒマラヤ造山帯** アトラス、シエラネバダ（スペイン）、ピレネー、アルプス、カルパート、アペニン、ジナルアルプス、カフカス、イラン高原、エルブールズ、ザクロス、ヒンズークシ、パミール高原、ヒマラヤ、チベット高原、アラカン、アンダマン諸島、大スンダ列島、小スンダ列島など。

図1-36-①　世界の大地形

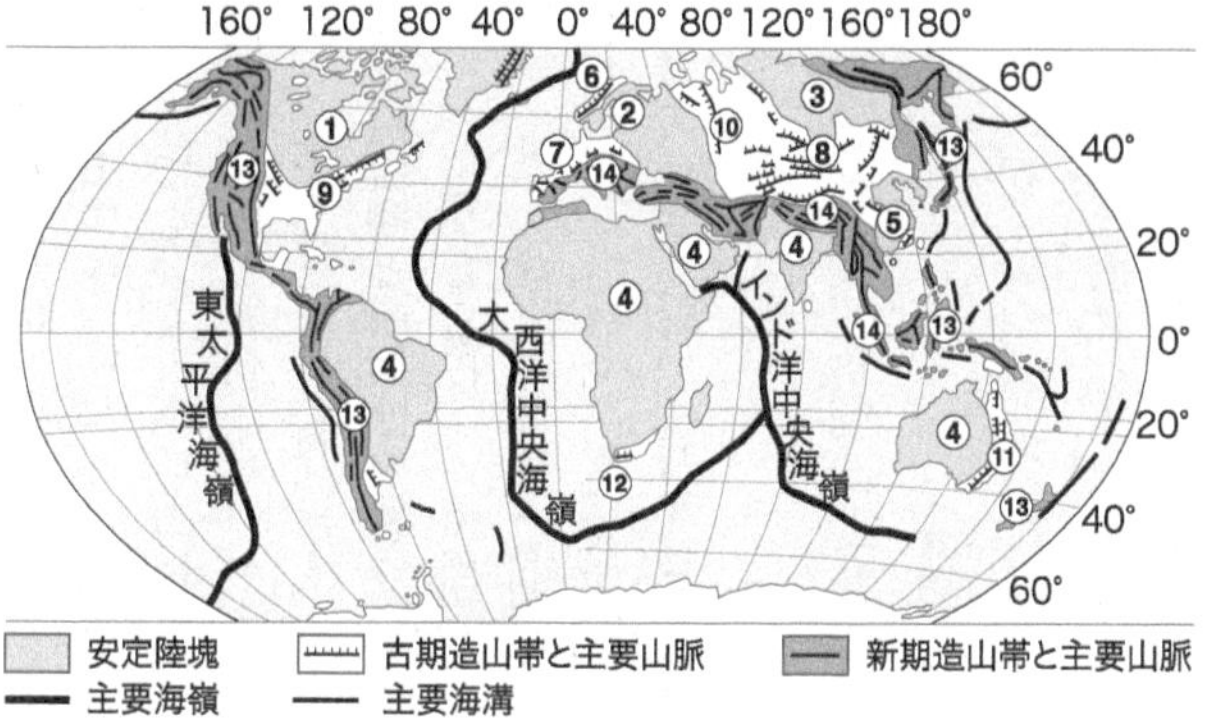

図1-36-②　世界の大地形

ン山脈（最高峰７４３９ｍ）やアルタイ山脈（最高峰４５０６ｍ）はインド・オーストラリアプレートの衝突によって再隆起したため高峻である（この大地形の説明に「造山帯」の用語を用いるのは不適切との議論もある）。

新期造山帯は中生代末から新生代にかけての造山運動で形成された急峻な大山脈であり、地震帯・火山帯とも一致する。**アルプス・ヒマラヤ造山帯**と**環太平洋造山帯**に分かれる。

私はボリビアのラパスで、**アンデス山脈**の標高５０００ｍくらいの場所から採掘した**三葉虫**の化石を購入した。三葉虫は古生代（約５億４１００万～約２億５２００万年前）にのみ海で生息した節足動物である。つまり、アンデス山脈は古生代には海にあって、そこが中生代末から新生代にかけて造山運動により高度５０００ｍ以上の急峻な山脈になったため、高度5000mの場所から三葉虫の化石が採れたのだ。新しい時代に造山運動によって高い山になったため、まだ侵食がさほど進んでおらず標高が高い。

世界でもっとも高い山はエベレスト山（チョモランマ山、8848m）であるが、樋口敬二氏の有名なエッセー「エベレストはなぜ8848メートルか」（朝日新聞1976年1月14日夕刊）がある。そのエッセーの内容はこうである。エベレストの標高は対流圏と成層圏の境界の圏界面より少し低い高さであり（2-1「気候」の「大気の大循環と気候区」を参照）、対流圏は地表から上昇気流が生じて大気の擾乱があり雲ができるが、山頂がこの圏界面を越えたとしても雲ができないため、日中は強い日差しが照りつけるが夜は急速に冷える。温度差による機械的風化作用が活発で岩盤は砕けていき、長い年月を経れば圏界面より低くなる。

石油はなぜ新期造山帯で採れるのか？——新期造山帯の褶曲構造と石油生産

浅い海の底に泥とともに生物の遺骸（とくに珪藻類やプランクトンなどの生物の遺骸）が沈み、引き続き泥・砂が堆積し、圧縮されると泥岩や砂岩ができる（図1-

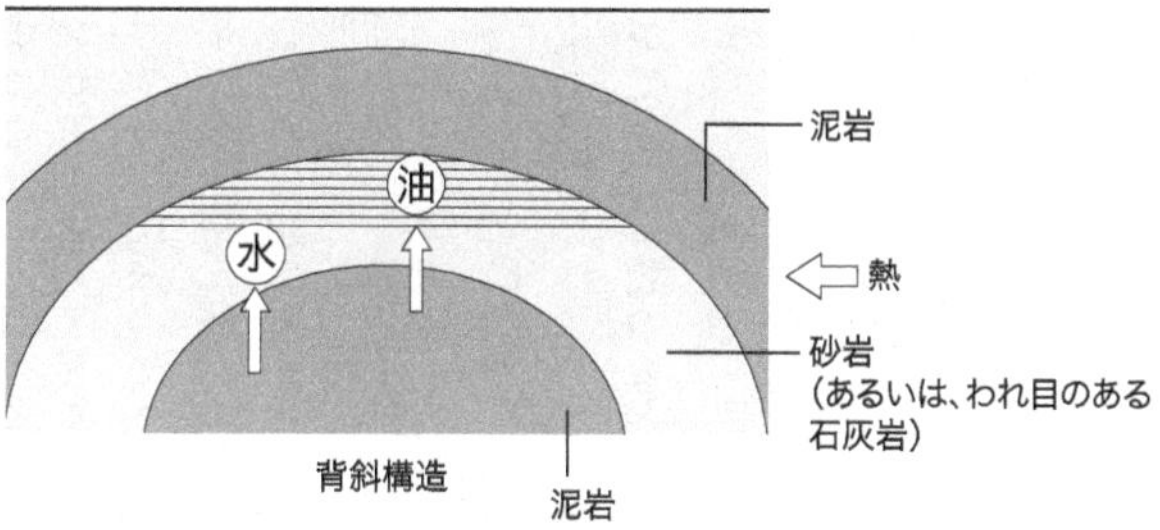

図1-37　背斜構造と石油の生成

37)。その過程で、生物の遺骸から珪藻ケロジェンという有機物が生成される。このケロジェンが熱作用を受けると熟成されて**石油**に転換する。この石油は水より軽いので上昇していくが、お椀を伏せたような地質構造があれば、そのお椀の中に石油が閉じ込められ、そこからさらにほかの場所に逃げないために、その地質構造は緻密な岩石で覆われている必要がある。その地質構造として適しているのは、**褶曲《しゅうきょく》構造**(77頁、写真1-10)のうち、お椀を伏せたような**背斜《はいしゃ》構造**であり、**油田**の8割はこのような背斜構造からなる。したがって、熱作用があり、褶曲構造が発達して、それが侵食されて破壊される年数が短い**新期造山帯**で石油がよく採れるのだ。

大陸プレートの下に海洋プレートが沈み込む場所では、プレートの沈み込みによる火成活動からの熱と、造山運動による褶曲構造の背斜構造が石油生産のよい条件を備えている。典型的なのは、**環太平洋造山帯地**

域である（図1-36）。インドネシアのスマトラ島のミナス油田やベネズエラ、コロンビア、エクアドル、ペルー、チリなどのアンデス山系、カリフォルニア、カナダのロッキー山系のアルバータ油田やアラスカの油田などがこれに相当する。日本も環太平洋造山帯に属し、背斜構造があるものの、多くの断層や地震がその構造を壊しているため石油があまり採れない。お茶をいれた茶碗もひびが入ったら漏れてしまうのと同じだ。

西アジアでは、古生代から中生代にかけて現在のペルシャ湾あたりに海が広がり、石油のもとになる生物の遺骸が堆積した。中生代にアフリカ・アラビアプレートが北東に移動しはじめ、海洋プレートの沈み込みによる造山運動でイランのザグロス山脈ができ、石油のもとになる物質が石油へと熟成していく。アラビア半島側に背斜構造が多く形成され、生成された石油が上方へ移動し、背斜構造内に閉じ込められる。その後、大陸の衝突により、ザグロス山脈前面の海が浅くなるにつれ、石灰岩が発達し、アフリカ・アラビアプレートの北東への移動がその石灰岩地帯に**褶曲**をもたらし、石油が貯留されて、多くの油田が生じることとなった。原油生産の上位国（2019年）は、①アメリカ、②ロシア、③サウジアラビア、④イラク、⑤カナダ、⑥中国、⑦アラブ首長国連邦、⑧ブラジル、⑨クウェート、⑩イランの順である。

石炭はなぜ古期造山帯で採れるのか？

――石炭生産と古期造山帯

石炭のもとは植物である。**古生代**（5億4100万～2億5200万年前）には**石炭紀**など巨大シダ植物が繁茂した時代があり、その植物が炭化するのに長い年数を要するので、炭化の進んだ瀝青炭《れきせいたん》や無煙炭は古生代の地質から採れる。したがって、古生代の造山運動でできたアパラチア山脈やウラル山脈、ドラケンスバーグ山脈、グレートディバイディング山脈などの**古期造山帯**で石炭が採れる（図1－36）。炭化の進んでいない褐炭、亜炭であれば、日本のように中生代や新生代の地質からも採れる。炭化の進んでいない褐炭、亜炭は燃焼時の発熱量が小さいので、製鉄用に不適である。

石炭生産の上位国（2017年）は、①中国（アルタイ山系）、②インド、③インドネシア、④オーストラリア（グレートディバイディング山脈）、⑤アメリカ（アパラチア山脈）、⑥ロシア（ウラル山脈）、⑦南アフリカ（ドラケンスバーグ山脈）、⑧カザフスタン（ウラル山脈）、⑨コロンビア、⑩ポーランド（ズデーテン（ズデーティ）山脈）の順である。

ボーキサイトが採れる場所はなぜ土が赤いのか？

――ボーキサイト生産と赤い土壌

ボーキサイトは**酸化アルミニウム**（**アルミナ**）を多く含む鉱物で、**アルミニウム**の原料となる。熱帯地域の**ラテライト性土壌**（**ラトソル**）の場所と、ヨーロッパの地中海沿岸の石灰岩地域で生産が多い。ボーキサイトが採れる場所は土の色が赤い（ラテライト性土壌（ラトソル）、**テラロッサ**、**テラローシャ**など）。ラテライト性土壌は、**サバンナ**や**熱帯雨林地帯**に分布し、雨季に有機物が微生物の活動により分解し、珪酸分や塩基類が溶脱して、鉄分やアルミニウム分が残留して酸化し、赤い色を呈している。**ラテライト**（207頁、写真3-6）はラテン語のLater（「煉瓦《れんが》」の意）からきている。テラロッサ（イタリア語で赤い土を意味する）は、石灰岩が風化して炭酸カルシウムが溶け出し、残った鉄分が酸化して赤紫色を呈した土壌で、地中海沿岸に多い。テラローシャ（ポルトガル語で「赤紫色の土」の意味）は、ブラジル高原に分布する玄武岩や輝緑岩《きりよくがん》などの火山岩が風化した赤紫色の土壌で、コーヒー栽培に適している。岩石が風化してアルミニウムが遊離し、それが残留してボーキサイトができる。ボーキサイトの生産上位国（2017年）は、①オーストラリア、②中国、③ギニア、④

ブラジル、⑤インド、⑥ジャマイカ、⑦ロシア、⑧カザフスタン、⑨サウジアラビア、⑩インドネシアとなっている。

銅はなぜ環太平洋造山帯でたくさん採れるのか？

——銅の生産と環太平洋造山帯

世界の**銅**の生産量のうち50～60％は斑岩銅鉱床《はんがんどうこうしょう》より産出し、斑岩銅鉱床はプレートの沈み込みに関連して形成されるため、**環太平洋造山帯**で多く生産される（図1－36）。世界有数の銅鉱山であるチリのチュキカマタ鉱山やアメリカのビンガム鉱山はその典型例である。銅の生産上位国（2015年）は①チリ、②中国、③ペルー、④アメリカ、⑤コンゴ民主共和国、⑥オーストラリア、⑦ロシア、⑧ザンビア、⑨カナダ、⑩メキシコと、アンデス山系やロッキー山系など環太平洋造山帯に属する地域が多い。

鉄鉱石はなぜ安定陸塊で採れるのか？

――鉄鉱石の生産と安定陸塊

5億4100万年前以前の**先カンブリア時代**に造山運動によってでき、それ以降造山運動を受けていない地形を**安定陸塊**というが（図1-35）、その時代にあらわれた光合成生物によってさかんに光合成が行われて酸素が生み出され、海洋中にあった鉄分と酸素が結合し、酸化鉄となって沈殿した。安定陸塊にはその時代に堆積した地層が残っているため**鉄鉱石**が産出される（図1-36）。

鉄鉱石の産出の上位国（2016年）はどこも安定陸塊に属している。①オーストラリア（オーストラリア卓状地）、②ブラジル（ブラジル地塊）、③中国（中国陸塊）、④インド（インド地塊）、⑤ロシア（ロシア卓状地とシベリア卓状地）、⑥南アフリカ（アフリカ卓状地）、⑦ウクライナ（ロシア卓状地）、⑧カナダ（ローレンシア楯状地）、⑨アメリカ（ローレンシア楯状地）、⑩イラン（アラビア卓状地）、⑪スウェーデン（バルト楯状地）。

残丘、メサ、ビュートができるわけ

——大地形としての侵食平野

日本に見られるような新しくて狭い平野は**堆積平野**であるが、古くて広い平野に**侵食平野**がある。**準平原**《じゅんぺいげん》は山地が侵食されてできた平野で、硬い岩石は侵食から取り残され、**残丘**《ざんきゅう》（**インゼルベルグ**）を形成する。**楯状地**は準平原で、**先カンブリア時代**の岩石が露出している。東北地方の東北部に広がる北上《きたかみ》高地は準平原が隆起した**隆起準平原**で古生層と花崗岩からなるが、蛇紋岩やカンラン岩という硬い岩質からなる早池《はやち》峰《ね》山《さん》は侵食から取り残され、そこだけ周辺より１０００ｍ近く高い残丘となっている。最終氷期に北上高地に広く分布していた高山植物は、氷期終了後、温暖化とともに唯一２０００ｍくらい高度のある早池峰山（１９１７ｍ）に逃げ込んだため、ここにはハヤチネウスユキソウなど固有種の高山植物が分布する。このように残丘は周辺と異なった環境をもっている。

構造平野は準平原が沈降し、浅海底で堆積した地層が隆起して陸上で侵食を受けた平野である。堆積した水平な地層の構造がそのまま平野の地形をつくっているため構造平野とよばれている。硬い層が侵食から取り残され、**メサ**や**ビュート**とよばれる地

写真1-28　構造平野の硬い層が侵食から取り残されてできたメサやビュート（ナミビア）

形が見られる。メサは差別侵食によって形成されたテーブル状の台地のことで、さらに侵食が進み孤立丘となったものがビュートである。**卓状地**は構造平野である。

ゴンドワナ大陸が分裂したとき、ナミビア沿岸から南米のブラジル～ウルグアイの沿岸が離れていった。そのときの割れ目から玄武岩の溶岩があふれ、シート状に地表を何度も覆って堆積し、時代によって硬い層や柔らかい層を形成した。その水平な地層の構造平野がその後の侵食により、硬い層が侵食から取り残されてメサやビュートが形成された（写真1－28）。

ケスタは構造平野の一部で硬軟の互層が緩傾斜しているとき、軟層が侵食されて低地になり、硬層が丘陵となって残った地形である。パリ盆地やロンドン盆地、五大湖周辺はケスタ地形にあたる。

2 気候

2-1 気候

なぜジェット機は高度1万mまで揺れるのか？
——大気の大循環と気候区

高校地理で習う**ケッペン**の**気候区**（図2-1）は、**植生帯**をもとに生み出された。つまり、気候と植生は大きく関連しているので、同じ植生のところを同じ気候区としてまとめたのである。ケッペンの気候区で見ると、ボリビアのラパスは温帯の**温暖冬季少雨気候**（**温帯夏雨気候**）**Cw**であるが、すぐ東のアマゾン川源流域は**サバナ気候Aw**である。私は高度4000mのラパスから車で3時間、高度を2500m下って、アマゾン源流域に達した。冬のラパスは寒く、木もあまり生えていないが、標高約1500mのアマゾン川源流域はバナナ、コーヒーなどの熱帯性の植物が生い茂る**サバンナ**だったのである。この場合、わずか3時間で変化する気候区には、高度が2500m低下して気温が上がったという要因が大きく働いていた。

図2-2は地球上の**大気の大循環**を示している。赤道付近が年間を通じてもっとも

太陽からの受光量が多く、地面や海面が熱せられるため**上昇気流**が生じる。そのため多量の降水がある。この上昇気流は**成層圏**と**対流圏**の境界の**圏界面**《けんかいめん》（高度：両極6000m～赤道1万7000m）まで上昇し、それより上には行かず圏界面に沿って南北に分かれ、それが北緯30度と南緯30度付近で**下降気流**となる。両極で高度6000m、赤道付近で高度1万7000mまでは大気の流れがあるので対流圏といい、それより上空は大気の擾乱がないため成層圏とよんでいる。

なぜ、圏界面の高さ以上には大気が上がっていかないのだろうか。地面や海面が熱せられて地上付近の空気が暖められ軽くなって上昇するのだが、その空気の塊の温度がまわりの大気より高くないと上がっていかない。上空ほど気温が低いため、どんどん空気の塊が上昇するのだ。しかし、成層圏には**紫外線**を吸収する**オゾン層**があって、そこの温度は高い。そのためある高さまでいくと、それまで上空ほど気温が下がっていったのが、逆に上がっていくため、空気の塊はそれ以上上昇しない。その高さが圏界面の高さになる。ジェット飛行機に乗ると、離陸してしばらくはシートベルトを外せない。なぜなら飛行機は対流圏を上昇していて大気の擾乱があるため飛行機が揺れるからである。圏界面を抜けると雲海をすぐ下に見ながら、真っ青な空の成層圏の中を圏界面すれすれの高度で飛んでいくのだ。離陸してからシートベルトを外してよいというサインが出たとき、その高度を確かめてみるとよい。たいていは高度1万m付

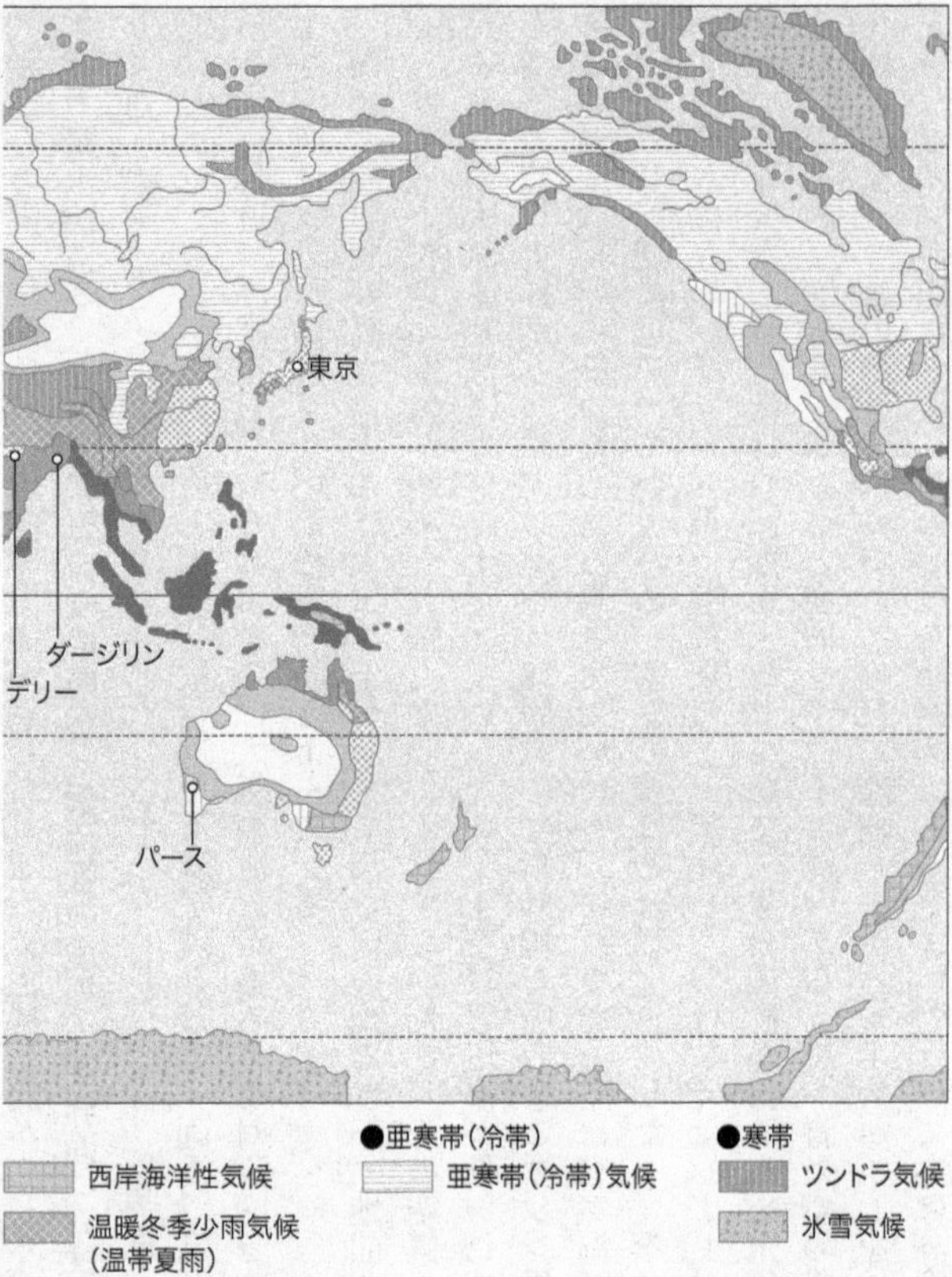

東京
ダージリン
デリー
パース
●亜寒帯（冷帯）
●寒帯
西岸海洋性気候
亜寒帯（冷帯）気候
ツンドラ気候
温暖冬季少雨気候
（温帯夏雨）
氷雪気候

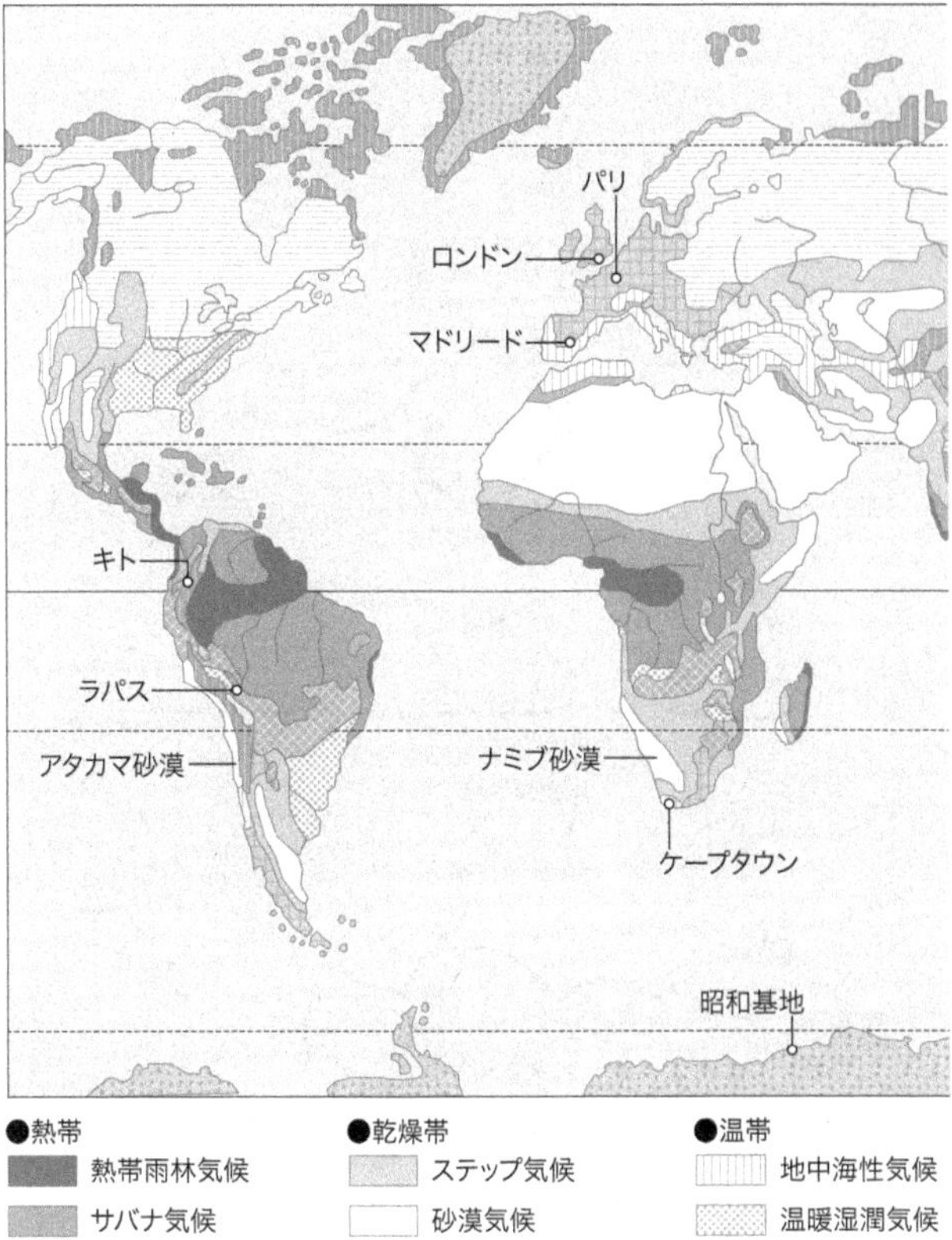
パリ
ロンドン
マドリード
キト
ラパス
アタカマ砂漠
ナミブ砂漠
ケープタウン
昭和基地
●熱帯
熱帯雨林気候
サバナ気候
●乾燥帯
ステップ気候
砂漠気候
●温帯
地中海性気候
温暖湿潤気候

図2-1　世界の気候区

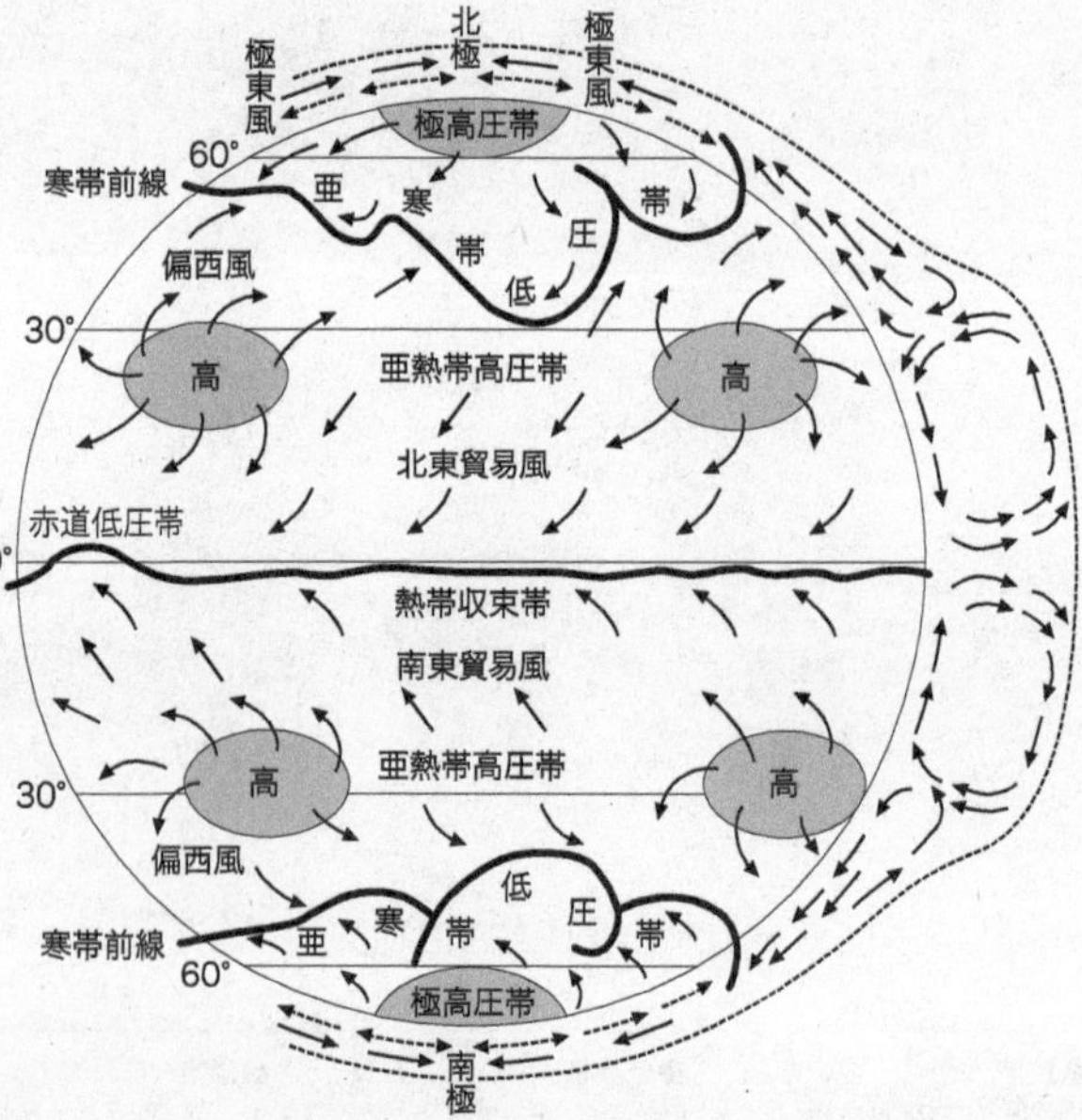

図2-2　大気大循環の模式図

近である。

梅雨の時期が年によりずれるのはなぜか？

——**梅雨前線**

南北30度付近で生ずる**下降気流**は地面にぶつかって南北に分かれる。下降気流が吹き降りる場所は温度が上がって**乾燥**するため、降水量が少ない。また北半球だと北極点は低温のため大気は沈降し、下降気流となり、それが地面にぶつかって南下する。この南下してきた冷たい風と**亜熱帯**（**中緯度**）**高圧帯**から吹いてくる暖かい風が北緯60度付近でぶつかり**寒帯前線**をつくる（図2－2）。温度の異なった大気が接すると、暖かい空気にたくさん含まれている水蒸気が冷たい大気によって冷やされ、空気が含むことができる水蒸気量は気温に比例するため、冷やされた空気は含めなくなった分の水蒸気が水粒として露出する。つまり寒帯前線では雨が降るということだ。暑い夏の日に、氷入りの冷たいジュースのグラスの表面がびっしょり濡れているのと同じ現象である。グラス周辺の空気が冷たいグラスに接して冷やされ、水蒸気を含めなくなって水粒が露出したのである。

日本付近の**梅雨前線**はこの寒帯前線の一種で、南の暖かい**小笠原気団**と北の冷たい**オホーツク気団**の勢力が6～7月に日本列島上空で均衡して動かず、梅雨前線が停滞し長雨をもたらす。やがて、7月下旬になると小笠原気団の勢力が急速に増して、前線を北海道の北まで押し上げるため、梅雨は終わって暑い夏が来るのだ。しかし、小笠原気団の勢力が7月になっても増さない年だと、日本列島より南に前線ができて梅雨が日本になかなか来なかったり、8月になっても小笠原気団の勢力が急速に増さない年だと、前線が日本列島にかかったままで梅雨が8月まで続くことになる。

ヨーロッパは日本より高緯度でも冬に暖かいのはなぜか？
――偏西風と貿易風

大気の大循環の地上風に注目すると、北緯30～60度では北向きの風が吹き、北緯0～30度では南向きの風が吹くはずだが、地球の自転による**転向力**（**コリオリの力**）によって、地球表面の動きである風や海流は北半球では右向き、南半球では左向きに曲げられるため、北緯30～60度では北向きの風は右向きに曲げられて南西の風、すなわち**偏西風**、北緯0～30度では南向きの風が右向きに曲げられて北東の風、すなわち**北**

東貿易風になる。同様に、南半球では偏西風と**南東貿易風**が生じる（図2－2）。

比熱（物質1gを1℃上げるために必要な熱量cal）は固体では小さく、液体は大きいため（水が1に対して、大陸は平均して約0・3）、大陸は冬に急速に冷やされるが、海の水はそれほど冷えないので冬は海のほうが大陸より気温が高い。ヨーロッパは冬に暖かい海のほうから偏西風が吹いてくるし、さらにヨーロッパの大西洋岸には**北大西洋海流**という**暖流**が流れていて、そこを通過して偏西風が吹いてくるので、ヨーロッパの海に近い地方はそれほど寒くならない。そのため、北緯40度はヨーロッパではスペインのマドリード、日本では秋田付近にあたり、北緯50度はロンドンとパリのあいだを通り、日本付近では樺太（サハリン）のど真ん中を通るように、同じ緯度でも冬の環境は大きく異なるのだ。しかし、その大西洋岸に吹く暖かい偏西風も内陸に行くにしたがって冷やされるため、東ヨーロッパ～ロシアでは気温が下がる。

夏は海のほうが大陸より涼しいので、海から吹く偏西風によって、緯度の高いヨーロッパはそれほど暑くならない。そのため、ヨーロッパのホテルは高級ホテルを除けば一般に部屋にエアコンはない。このように大陸西岸は夏にそれほど暑くならず、冬暖かく、気温の**年較差**（年変化）の小さな**西岸海洋性気候Cfb**となる。しかし、年によってはヨーロッパにも猛暑の年があり、かつて異常気象ですごく暑い夏だったときにパリのホテルに泊まったが、エアコンも扇風機もない部屋で汗だくになった経験がある。

一方、大陸東岸の日本の冬は、急激に冷やされる大陸のシベリアのほうから北西の季節風や偏西風が吹いてくるため寒く、また夏は南東の熱帯の海のほうから季節風が吹くため、蒸し暑く、気温の年較差の大きな**温暖湿潤気候Cfa**となる。そのため、日本ではエアコンのないホテルはほとんどない。

ヨーロッパは日本より高緯度にあるため、冬が長く夏が短い。太陽高度が日本より低いためだ。ヨーロッパは一般に秋が短く、夏が終わって木々が紅葉したと思ったらすぐに雪が降って冬になる。ドイツやフランスなど中部ヨーロッパでは、冬の期間はあまり晴れず、とくに11月にはほとんど太陽を見ることがなく、もっとも陰鬱な時期である。冬は暗くて長い。

ドイツに住んでいたとき、2月に教え子2人が日本から遊びに来たので、ミュンヘンでレンタカーを借りてイタリアを目指した。初日はオーストリアアルプスのティロル地方の小さな山間の村に宿を取った。まわりは一面雪であった。翌朝その宿を出発し、オーストリアとイタリアの国境であるアルプスのブレンナー峠を越えたが、イタリア側に入ったとたん、それまでの寒空から、太陽がサンサンと輝く明るい空に変わった。それはとても印象的だった。

そんな暗くて寒い冬のヨーロッパで救いはクリスマスだ。冬が終わり4月くらいから、暖かな太陽の光が差すと、みなカフェの屋外のテーブルでお茶を楽しむ。日本のように店内にいる人などほとんどいない。みな外でお茶を飲む。少しでも太陽の光を浴びようとするヨーロッパ人の日光浴に対する欲望は、日ごろから太陽の光を受けている日本人にはなかなか理解しがたいものがある。夏になると、ロンドンのハイドパークやグリーンパークでは有料のデッキチェアや芝生の上で水着や短パン姿で寝そべって日光浴を楽しむ人であふれかえる。またヨーロッパの人々は、より太陽の光を求めて、地中海沿岸のニースやカンヌなどに日光浴に行く。私は2月ごろにレンタカーを借りてフランスのモンペリエからスペインのバルセロナまで行ったことがある。帰りに国境付近で日が暮れてきたので、地中海沿岸のリゾート地で宿泊しようとしたが、100以上あるホテルのほぼ全部が閉まっていた。冬にこの地を訪れる観光客などいないからだ。あくまでも夏の太陽目当てのリゾート地だったのだ。

ヨーロッパは**サマータイム**を取り入れている。日が昇るのが早い4～10月には時計の針を1時間進めるのだ。したがって、夏は朝8時出勤、夕方5時帰宅といっても、実際は7時出勤で4時帰宅になる。高緯度なので夏は早い時間から明るくなるため、明るい時間を有効に使い、実際の午後4時から8時くらいまでの時間をスポーツや娯楽などにあてることができる。私もドイツに住んでいたとき、学生たちにサイクリングに誘われ、集合時間が午後6時といわれてびっくりしたが、サイクリングを午後9時までやってもまだ明るかった。

南半球では大陸が少なく**偏西風**を弱めるものが少ないため、偏西風がとくに強く、南緯40〜50度には海が吠えているように唸る「吠える40度」とよばれる海域がある。日本の南極観測船は代々、この吠える40度で船が大きく揺れるのに悩まされながら昭和基地を目指してきた。

偏西風の中でも対流圏上層に吹く強い偏西風を**ジェット気流**とよぶ。ジェット気流には北緯40度付近の寒帯ジェット気流と北緯30度付近の亜熱帯ジェット気流があるが、この両者が合流する日本付近とアメリカ大陸東部では、とくに冬季に風速30m／秒くらいの強風が吹きつける。図2－3は700hPa（高度3000mに相当）、図2－4は500hPa（高度5000mに相当）の地衡風《ちこうふう》（摩擦の影響を受けない上層の風）を示すが、日本の上空は冬季に世界一強い風が吹いていることがわかる。日本の冬山登山の過酷さが想像できる。一方、アフリカの赤道直下では毎秒5mくらいで、たしかに私の調査地である赤道直下のケニア山では、風の強さを感じたことがあまりない。私は20歳ごろから7年間、正月は山頂で過ごすというのを続けたが、何度も猛烈な風に悩まされた。富士山などは独立峰という地形的効果もあって、11月下旬に冬山登山訓練をしたときは、体が空中に飛ばされそうな恐怖感を味わった。アフリカの低緯度にはケニア山やキリマンジャロがあり、そこの高山帯には背丈が数m以上にもなるキク科草本で半木本化したジャイアントセネシオやキキョウ科の草

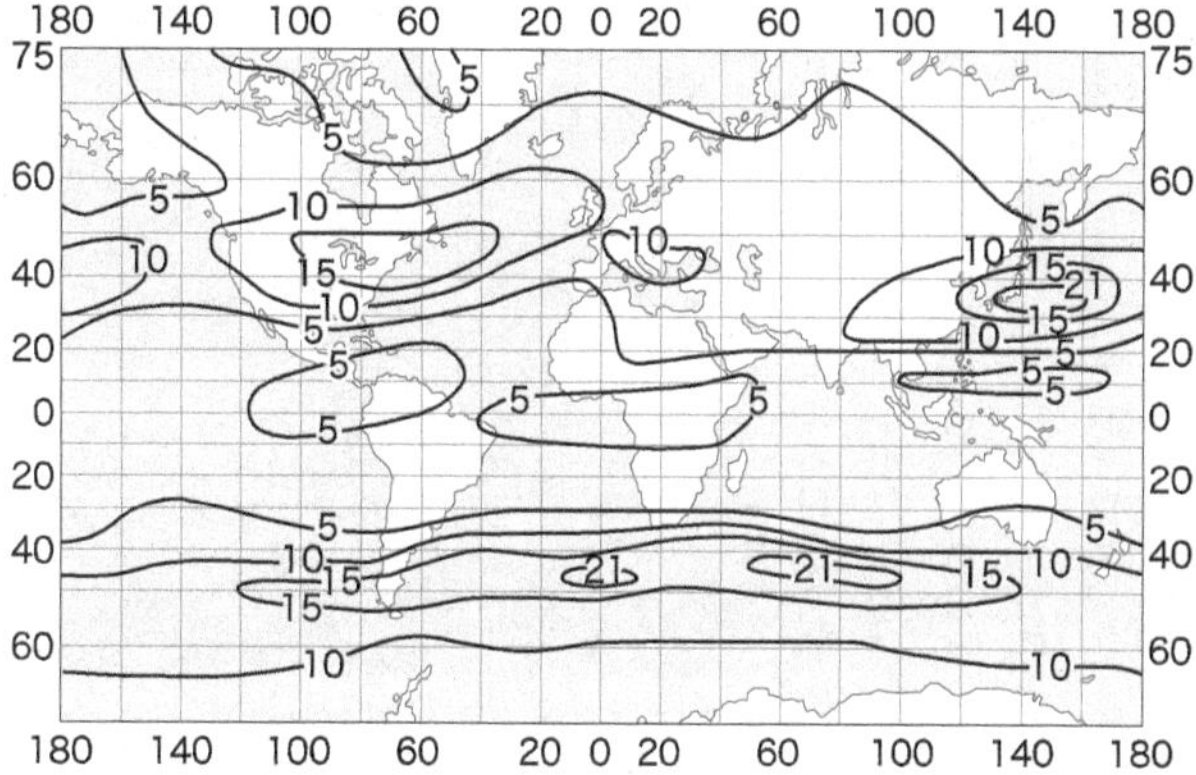

図2-3　700hPaにおける地衡風の強さ（m/sec.）（Stephenson and Heastie 1960，小泉 1984）

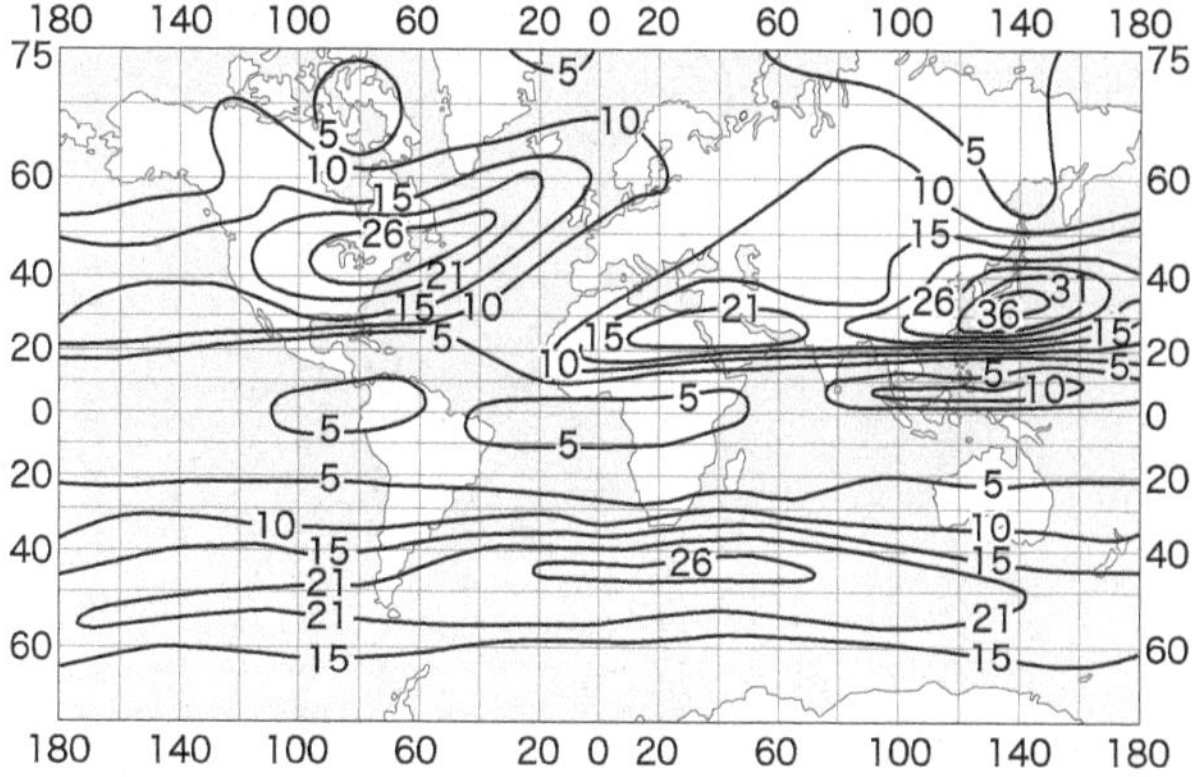

図2-4　500hPaにおける地衡風の強さ（m/sec.）（Stephenson and Heastie 1960，小泉 1984）

写真2－1　ケニア山に見られるジャイアントセネシオ（キク科・中央）とジャイアントロベリア（キキョウ科）

本のジャイアントロベリアが生育しているが（写真2－1）、このような大型植物が生育できるのも、一年を通して風が弱く、積雪が少ないことが大きな要因といえる。日本のような強風多雪の高山帯ではとてもそのような大型の植物は生育できない。

　飛行機でジェット気流に乗って東に行く場合と、ジェット気流に逆らって西に行く場合では所要時間が大きく異なる。日本からアメリカに行く場合、行きは帰りより1時間以上早く着く。第二次世界大戦中、アメリカ軍はB29による日本空襲の際に、猛烈な向かい風を受け、ジェット気流の存在を知った。逆に日本軍はこのジェット気流を利用して気球に爆弾を搭載した風船爆弾（気球の直径は約10m、総重量は200kg、15kg爆弾1発と5kg焼夷弾2発を搭載）をアメリカ本土に送った。約1万個の風船爆弾が放球され、その約1割がアメリカ本土に到達したと推定されている。

雨季と乾季のあるサバナ気候はなぜできる？
——大気の大循環の季節移動と世界の気候

図2-5は**前線帯**の位置の年変化と降水の変化を示したものである。7月には**熱帯（内）収束帯**（**赤道低圧帯**）は北のほうに移動し、1月に南下する。**大気の大循環**にともなって、7月には**亜熱帯**（**中緯度**）**高圧帯**や**亜寒帯低圧帯**も北上し、1月に南下する。そのため、北半球で見ると、赤道付近は通年にわたり熱帯収束帯の影響下で、年中**上昇気流**がさかんなため、年中多雨で植生が**熱帯雨林**となり、**熱帯雨林気候Af**となる（図2-6、2-1）。また、北緯30度付近は通年にわたって亜熱帯高圧帯下であり、年中**下降気流**が卓越する場所であるため、年中降水が少なく**砂漠気候BW**となる。そのため世界のおもな**砂漠**の多く（**サハラ砂漠**、アラビア半島のルブアリハーリー砂漠、**ナミブ砂漠**、**アタカマ砂漠**）はこの亜熱帯高圧帯のところに分布している。砂漠についてついでに述べれば、ナミブ砂漠、アタカマ砂漠は亜熱帯高圧帯の影響プラス**寒流**の影響がある。

ゴビ砂漠や**タクラマカン砂漠**は海から遠く離れた内陸に位置し、海からの水蒸気が到達しにくいため砂漠ができている。**パタゴニア**地方は卓越風のアンデス山脈の風下

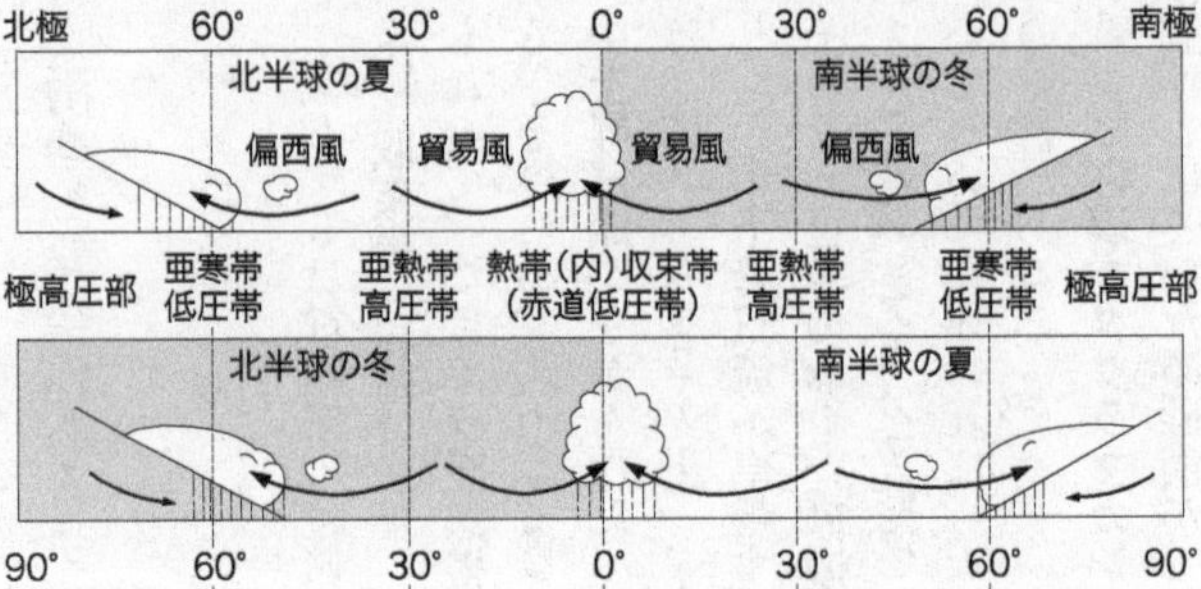

一年中少雨	一年中雨(比較的夏に多い)	冬雨 夏乾燥	冬少しの雨	年中乾燥	夏少しの雨	夏雨 冬乾燥	一年中雨(多雨)	夏雨 冬乾燥	夏少しの雨	年中乾燥	冬少しの雨	冬雨 夏乾燥	一年中雨(比較的夏に多い)	一年中少雨
ツンドラ気候 氷雪気候	温帯・冷温帯の各気候	地中海性気候	高緯度のステップ気候	砂漠気候	低緯度のステップ気候	サバナ気候	熱帯雨林気候	サバナ気候	低緯度のステップ気候	砂漠気候	高緯度のステップ気候	地中海性気候	温帯・冷温帯の各気候	氷雪気候 ツンドラ気候

図2-5　前線帯（多雨帯）の位置の年変化と降水型のモデル

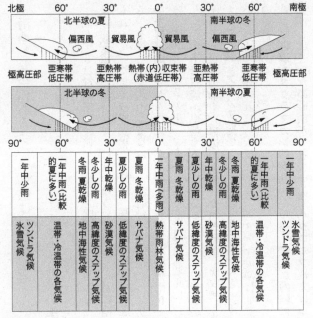

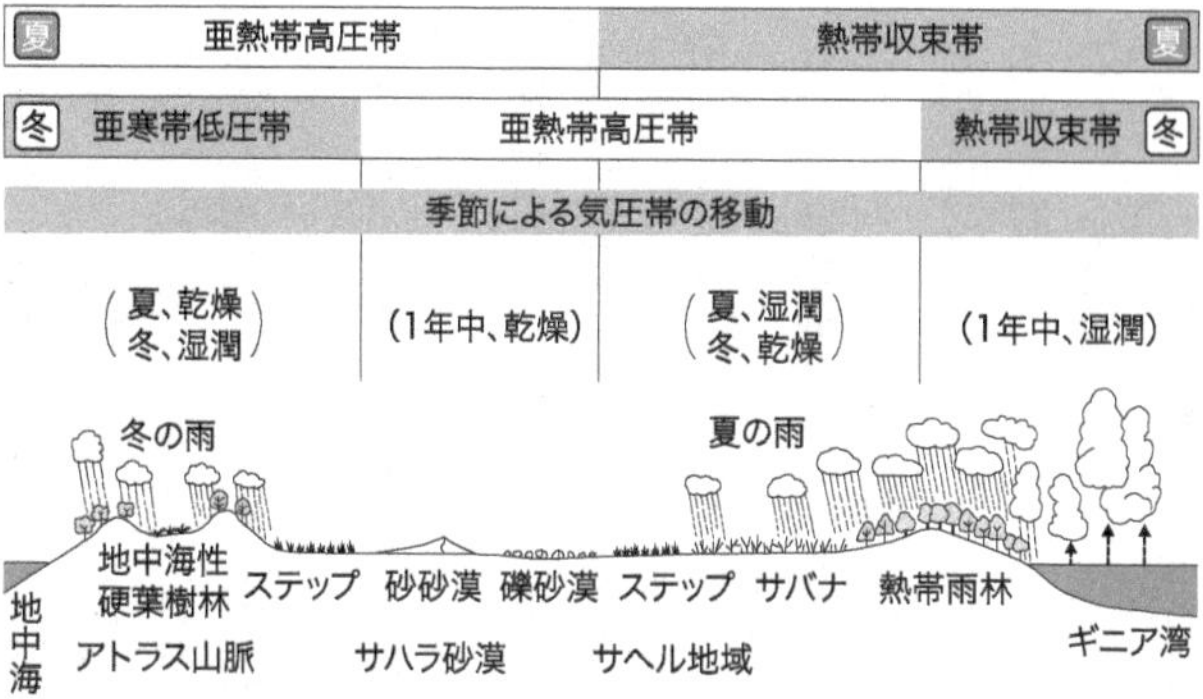

図2-6　地中海沿岸からアフリカ大陸を経てギニア湾にいたる断面模式図（小野 2014）

に位置し、風上側で上昇気流が発生して降水があるが風下側で乾燥した空気が降下するため砂漠ができている。冬の日本列島で北西季節風が風上側の日本海側で降雪をもたらし、乾燥した風が降下する太平洋側が雨が少なく天気がいいのと同じ理屈である。

北半球で説明すると北緯10度のやや北では、7月に熱帯収束帯の影響下で降水があり、1月は亜熱帯高圧帯下で小雨である。つまり、夏に**雨季**、冬に**乾季**の**サバナ気候Aw**になる（図2-5、2-6、2-1）。もう少し北になると、夏に少しだけ熱帯収束帯の影響を受け、冬には亜熱帯高圧帯下で乾燥するため、夏に小雨の**ステップ気候BS**になる。北緯30度のやや北から45度にかけては、7月は亜熱帯高圧帯下で乾燥し、1月に亜寒帯低圧帯の影響を受けて降水がある冬雨型の**地中海性気候**

Csになる。南半球で見ても、南緯10度のやや南では夏（1月）に雨季、冬（7月）に乾季のサバナ気候Aw、南緯30度のやや南から40度にかけてでは、夏（1月）に乾燥、冬（7月）に降水がある地中海性気候Csとなる。冬雨型の地中海性気候はブドウやオリーブ栽培に適しているため、地中海性気候となる場所、すなわちイタリア、フランス、スペイン、ポルトガルなどの地中海沿岸やカリフォルニア、チリ、南アフリカのケープタウン周辺、オーストラリアのパース周辺は世界の主要なワイン生産地となっている。

東南アジアではもっとも暑いのが7～8月ではなく4～5月なのはなぜか？
――熱帯収束帯の季節移動

なぜ、**熱帯収束帯**は7月に北上、1月に南下するのであろうか？　図2－7は7月と1月の太陽と地球の関係を示したものである。地球は地軸が23・4度傾いたまま、太陽の周りを1年かけて一周する。7月（夏至：6月22日）に太陽光線が地表面にもっとも垂直に当たって（すなわち地上では真上から太陽光線が当たる）、狭い範囲にたくさんの太陽光線が集まる、すなわち、地表面一定面積あたり太陽から受ける受光量が多いのは**北回帰線**（北緯23・4度）のあたりである。また、1月（冬至：12月22日）

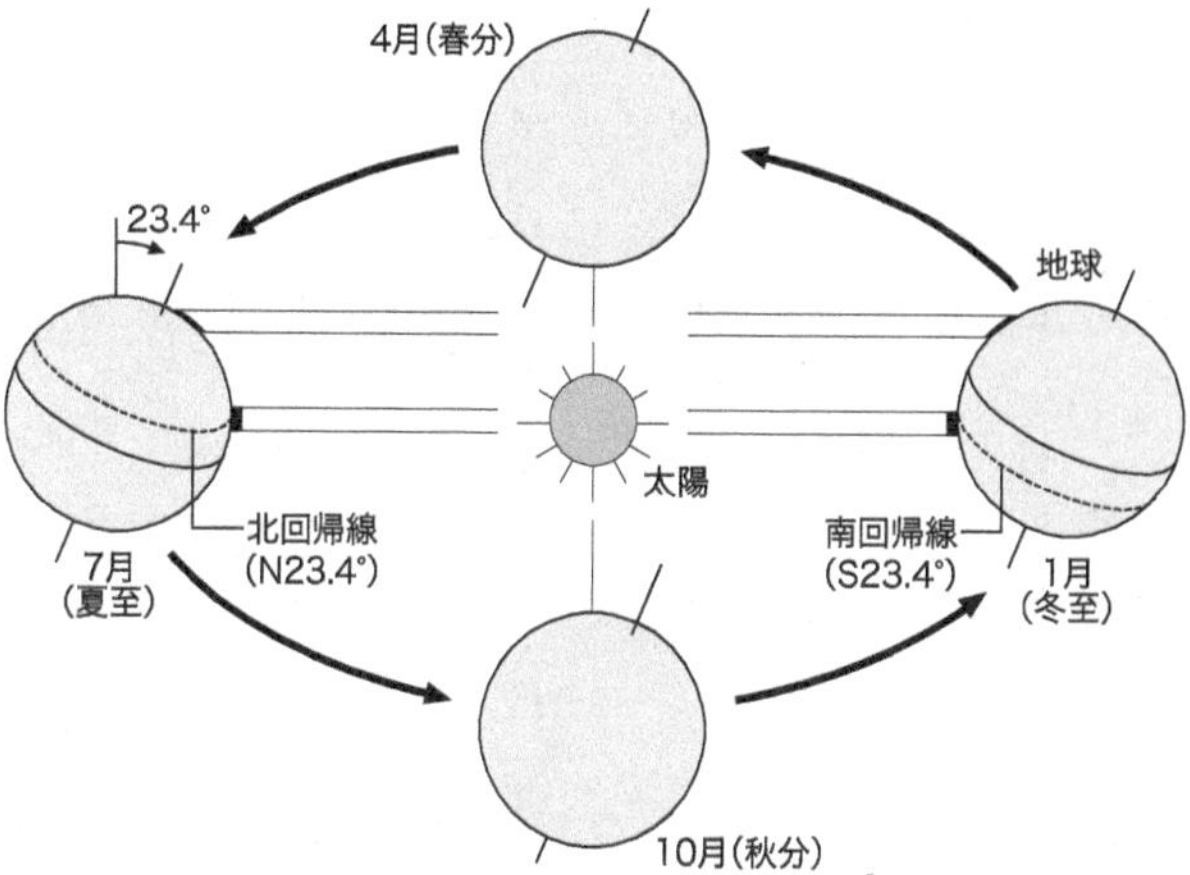

図2-7　地球と太陽の位置関係と地球の地表が受ける熱エネルギー

にもっとも太陽からの受光量が多いのは**南回帰線**（南緯23・4度）の場所である。赤道付近がもっとも太陽からの受光量が多いのは春分や秋分のときだ。7月に北回帰線の付近がもっとも太陽からの受光量が多く、地面や海面がもっとも熱せられて、**上昇気流**がさかんになる。すなわち、熱帯収束帯は北に移動する。そして1月には、熱帯収束帯は南回帰線のほうに移動する。この北回帰線と南回帰線のあいだの地帯だけが、地面に垂直に太陽光線が当たる経験をする。すなわち熱帯とよばれるゾーンである。このゾーンより北や南にずれている場所は、太陽光線は地面に斜めにしか当たらない。しかし、北半球では7月のほうがより垂直にあたるため、7月が夏、1月が冬となる。我々日本人は北半球の北回帰線より北の位置に住んでいるため、7〜8月がもっとも気温が高いという認識があるが、赤道付近の東南アジアになると、むしろ4〜6月がもっとも気温が高くなる。タイの旧正月であるソンクラーン（4月13〜15日）は一年で最も暑い時期であり、いつしか暑さをしのぐために水を掛けあい、「水掛け祭り」として定着していった。

そもそも「気候」の英語である climate の語源は、ギリシア語の klima（klinein 傾く）で、英語の元であるラテン語 clinare は傾くという意味である。つまり、地球上の気候は地球の地軸が23・4度「傾く」ことから生じているのだ。

雨が降るメカニズムは？ ——上昇気流（降雨）と下降気流（乾燥）

上昇気流が生じるとなぜ雨が降るのだろうか？ 空気の密度は地上付近は高く、上空に行くほど低い。地面や海面が太陽の日射を受けて、地上付近の空気が暖められ、軽くなって上のほうに昇っていく（図2-8）。暖められた空気の塊が上空に昇っていくにつれ、まわりの気圧が低いため、空気の塊は膨張する。膨張するエネルギーを

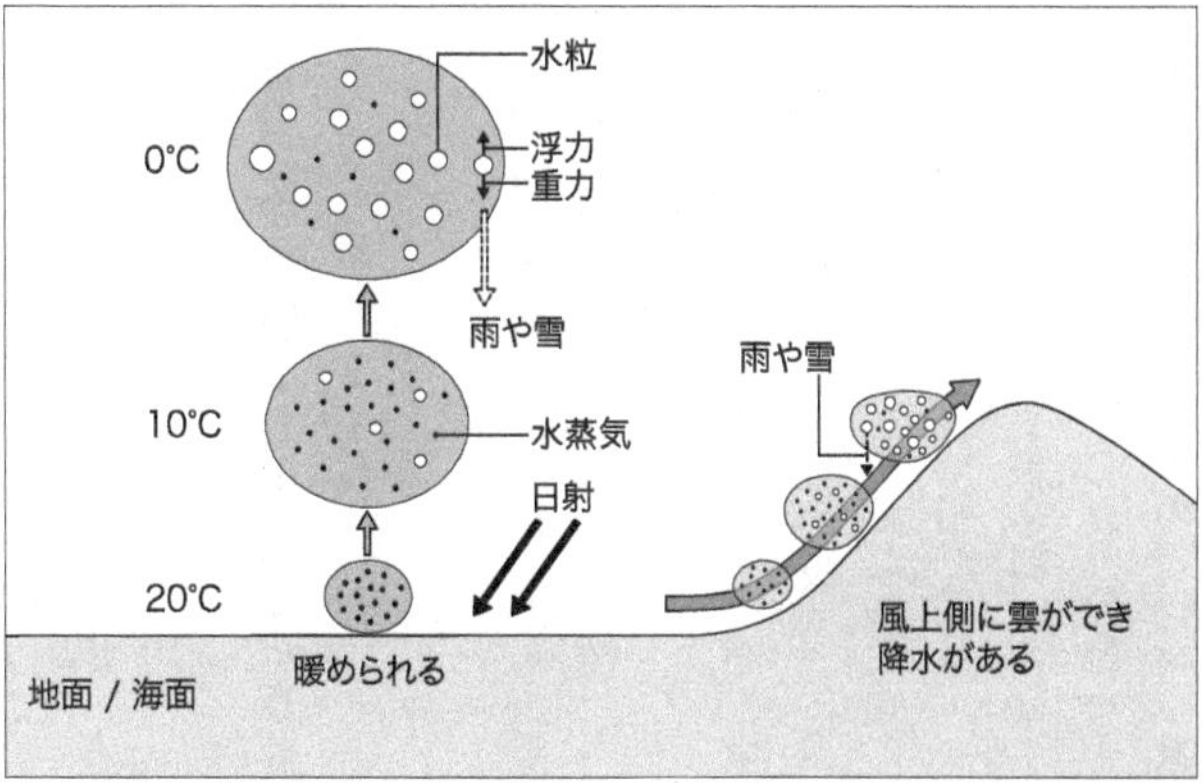

図2-8　上昇気流による雲の形成と降水

熱からもらってくるため、空気の塊の温度は下がる。**飽和水蒸気量**は温度に比例するため、温度が下がるにつれ、空気が含むことができる水蒸気の量が減って、含むことができなくなった分の水蒸気が水粒として露出する。その水粒が浮いているのが霧や雲である。水粒には下向きに重力、上向きに浮力がかかっており、水粒が大きくなると浮力より重力が勝って、水粒は下に落ちてくる。これが雨や雪である。

したがって、水粒が大きな雲は、どんよりとして暗い色をしているため、いまにも雨が降ってきそうなのだ。つまり、上昇気流が生じると雨や雪の降水が生じる。逆に**下降気流**だと、水粒を含む空気の塊、霧や雲も気圧の高い地上のほうに降りてきて、その空気の塊は収縮する。収縮するとエネルギーを放出し、温度が上がって、それだけ水蒸気をたくさん含むことができるため、霧や雲は消えてしまう。つまり、下降気流が卓越する場所は降水が少なく、乾燥する。

夏と冬ではなぜ風向きが真反対なのか？——季節風（モンスーン）

世界各地の歴史には古くから大陸間の交易が大きく関わってきたが、それには**季節風（モンスーン）**の果たす役割が大きかった。モンスーンの語源はアラビア語のマウシム（mausim、季節の意）で、アラビア海で半年交代で吹く南西風と北東風を指している。すなわち、インド・中東と東アフリカのあいだには、毎年6〜9月には南西の季節風が、10〜5月には反対方向の北東の季節風が吹く（図2-9）。このことは中世からアラビア人航海者たちに知られ、これを利用して、古くからダウ船とよばれる大きな三角帆をもった船が、ペルシャ湾岸からはナツメヤシや魚、東アフリカからはマングローブ木材や香辛料のクローブ（丁字）などを運び、またアラビア人によって西アフリカから集められた奴隷が中東経由で東アフリカ沿岸都市部にもたらされた。そのため、東アフリカのバンツー系の言語に、**アラビア語**が融合した**スワヒリ語**の広がる文化圏が形成され、**イスラーム**（**イスラム教**）が導入された。著しくモンスーンが発達する地域はインドを中心に、南アジア、東南アジア、東アジアにわたり、そのためこの地域を**モンスーンアジア**とよんでいる。アフリカ大陸東岸沿いにイスラームが広まったのは、この季節風による中東と東アフリカの交易の影響である。

季節風はどうして季節によって異なる風向の風が吹くのであろうか？　たとえば、

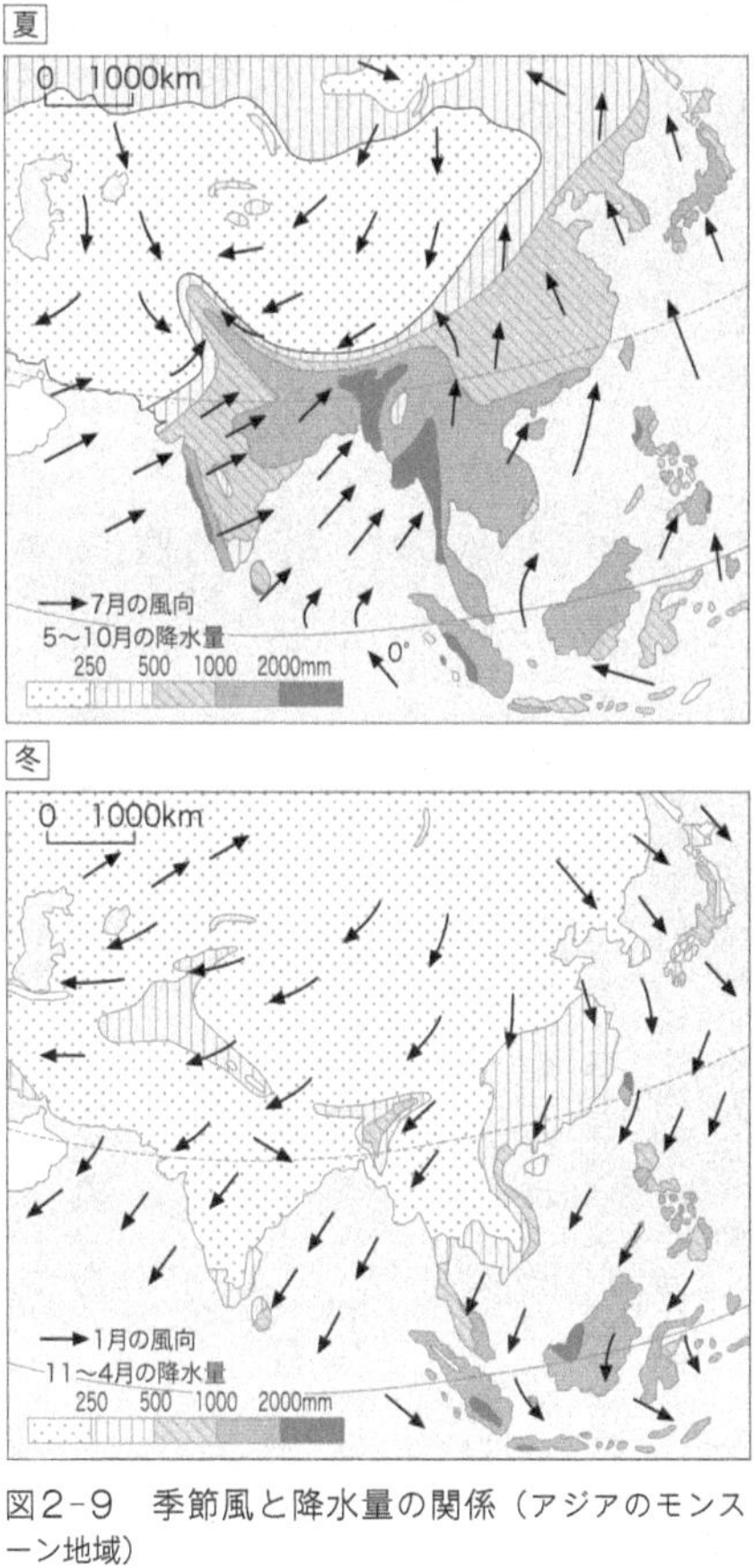

図2-9　季節風と降水量の関係（アジアのモンスーン地域）

日本付近の冬は北西の季節風で、夏は南東の季節風である。香港あたりでは冬は北風で、夏は南風、インドでは冬は**北東季節風**で、夏は**南西季節風**である。どこでも、季節風は夏と冬では逆向きに吹く。

先に述べたように物質によって比熱（物質1gを1℃上げるために必要な熱量cal）は異なり、固体は比熱が小さく、液体は大きい。水が1に対して、大陸は平均して約0・3である（鉄は0・1、アルミニウムは0・2）。したがって、固体のフライパンを火にかければすぐに熱くなるが、火を止めればすぐに冷える。一方、やかんに入っている液体の水を熱するのには時間がかかるが、火を止めてもしばらく湯は温かいままである。同じように、固体である大陸は冬に急速に冷やされ、その大陸に接する地上付近の大気は沈降し（冷房の風は下に降りてくる）、地上付近は大気の密度が高くなって高圧帯（高気圧）ができる。そこから相対的に低圧帯である海に向かって風が吹く。夏は大陸が急速に暖められ、暖まった大陸に接する大気は軽くなって上昇気流となるため（暖房の風は上に昇っていく）、地上付近の大気の密度は小さく、低圧帯（低気圧）ができる。風は、空気がたくさん集まっている高圧帯から低圧帯に向かって吹くため、季節風はかならず夏と冬で反対方向に吹き（図2－9）、これが**帆船**《はんせん》**貿易**にには好都合だったのである。

日本でなぜ新潟県にもっとも雪が降るのか？

——降雪量

　季節風で暑いところから海を長距離わたってきた風は湿っていて水分量が多い。空気が含める水分の量を表す飽和水蒸気量は気温に比例するため、温度の高い風は水分をたくさん含むことができて、それが海を長距離わたってくると水分をたくさん海から吸収できる。それが山にぶつかって強制的に山の斜面をのぼり上昇気流が生じると、風上側にたくさんの降水をもたらす（図2-8、2-9）。日本列島には背骨のように南北に**脊梁山脈**が延びており、そこに冬には**北西季節風**がぶつかり、そのまま斜面に沿って持ち上がり、上昇気流となる。そして、日本海側に雪を降らせる。しかし、本来、冬にシベリアから吹いてくる風はあまり水蒸気を含んでいない。なぜなら、飽和水蒸気量は気温に比例するため、冷たいシベリアから吹く風は水蒸気をあまり含むことができず、そもそも大陸をわたってくるので、水分を供給する海がない。したがって、冬にシベリアから吹いてくる風は乾燥している。

　なぜ、その乾燥した風が日本列島にぶつかると日本海側に多量の雪を降らせるのであろうか？　その原因は暖流である**対馬《つしま》海流**だ。1月や2月の寒い冬に、フェリーで日本海を進むと、海面から湯気が出ているのを見ることがある。冬でも水温が10℃以上ある対馬海流から、北西季節風は大量の水蒸気を吸収し、脊梁山脈にぶつかって日本海側に豪雪をもたらすのだ。したがって、**シベリア高気圧**から吹く北西季節風は、日本海をわたるあいだに大量の水蒸気を吸収するため、日本海をわたる距離が長いほど、吸収する水蒸気量が多くなる。その結果、北西季節風が日本海をわたる距離がもっとも長い新潟が、もっとも**降雪量**が多くなる（109頁、図1-29の日本海の位置参照）。このためかつて日本海が湖だった時代には暖流の対馬海流が流れ込まず、日本にはあまり雪が降らなかった。

北西の季節風が日本列島を日本海側から太平洋側に抜ける距離がもっとも短いのは、若狭湾から伊勢湾に抜ける場所である。そのため太平洋側にありながら、その部分に位置する伊吹山や鈴鹿山脈北部には冬季に豪雪がもたらされる。また、新幹線も関ヶ原から米原にかけては多雪のために、たびたび徐行運転せざるをえない。

温暖化すると南極の氷河は減少するように思えるが、事はそう単純ではない。なぜなら、温暖化すると、南極周辺の海水温が上昇して海からの蒸発量が増え、降水量、すなわち降雪量が増加するからである。したがって、南極の氷河はむしろ拡大し、氷は厚くなる。

インドのアッサムが世界的多雨地帯であるわけ

——季節風と降水量

写真2-2　お茶のプランテーション　アッサム地方（インド）に見られる

夏のインド洋に赤道のほうから吹いてくる**南西季節風**は、熱帯の海を長距離わたってくるのでたくさんの水分を吸収し、それが北はヒマラヤ山脈、東はパトカイ山脈に遮られ、これらにぶつかって上昇気流が生じ、**アッサム地方**など山脈の風上側にたくさんの雨を降らせる（図2-9）。それがアッサムやダージリンに世界的なお茶の生産地を生み出している（写真2-2）。アッサム州の南のメガラヤ州チェラプンジの1981年から2010年までの年平均降水量はなんと1万1857㎜だった。チェラプンジは1860年8月から1861年7月の1年間には2万646

1㎜という世界最高の年間降水量を記録した。1981〜2010年の年間降水量の平均値は東京が1529㎜、大阪が1279㎜であり、チェラプンジは釧路の1043㎜や松本の1031㎜の約10倍である。チェラプンジの降水量1万1857㎜のうち、1万887㎜は4月から9月の雨季に降り、10月から3月の乾季にはその10分の1以下の970㎜である。

同様に南西季節風はインドの西ガーツ山脈にぶつかって風上側のマラバル海岸に、セイロン島の中央山脈にぶつかって風上側の島の南西部に、ミャンマーのアラカン山脈やパトカイ山脈にぶつかって風上側のインド洋岸に、多量の雨を降らせる。このような夏の湿った**季節風**（**モンスーン**）が雨季に多量の雨をもたらす気候を**熱帯モンスーン気候Am**という（図2-1では、Am気候を**熱帯雨林気候Af**の中に含めている）。アッサムやセイロンなどの雨の多い丘陵地は、その環境に適するお茶の生産地となった。夏にムンバイ（ボンベイ）などに行けば、インド洋をわたってきた蒸し暑い南西季節風に閉口することになる。日本でも南東の季節風が伊勢湾をわたってきて、夏の名古屋は蒸し暑い。

私はインドのアッサムの北に隣接するアルナーチャル・プラデーシュ州を、2007年から研究・調査のため、10回以上訪れている。アッサムの中心都市ゴワハティまで飛行機で行き、そこから車でアルナーチャル・ヒマラヤ地方まで行くのだが、雨季

(5～8月)のときは多雨で道路は100か所以上が土砂崩れをおこし、何度となく通行止めで立ち往生した。

第二次世界大戦末期にビルマ(現・ミャンマー)攻略を終えた日本軍は、イギリス軍のインドの拠点であるアッサムのインパール攻略を目指し、ビルマのパトカイ山脈を越えて侵攻した。しかし兵士たちは、パトカイ山脈の高度3000mを30～60kgの重装備で徒歩で越え、後方からの食料や弾薬の補給が途絶え、疲れ切ったところに4月からの雨季の5000㎜を超す豪雨で体力を消耗した。退却時には餓死やマラリアなどの病死で3万人以上の兵士の死体が東インドからビルマまで続き「白骨街道」とよばれた。いわゆるインパール作戦の兵士は、無謀な計画による飢餓に加え、南西季節風による雨季の豪雨に追い打ちされ、死へと追いやられたのだ。

赤道付近は太陽の熱をもっとも受けるため、上昇気流がさかんで降雨が多くなる。そのような環境ではゴムやジュートなどの生産がさかんになる。しかし、地球は地軸が23・4度傾きながら太陽のまわりを1年かけて回るため、1年のうち北半球側のほうが太陽光線すなわち熱をたくさん受ける時期、南半球側のほうがたくさん熱を受ける時期に分かれる。地面が熱せられて上昇気流がさかんになる場所も、7月には北半球側に、1月には南半球側に移動する。したがって、赤道より北側は7月に**雨季**、1月には**乾季**、赤道より南側は1月に雨季、7月は乾季となり、どちらにしても、夏が雨季で冬が乾季のサバナ気候になるのである。乾季と雨季がある気候に適するコーヒーやカカオは、このようなサバナ気候のところで生産される。

なぜ寒流は大陸西岸に流れるのか？

——**海流**

地球の自転による**転向力**《てんこうりょく》（**コリオリの力**）によって、地球上の風や**海流**は北半球では右向きに曲がり、南半球では左向きに曲がる。図２－10が示すように、大陸東岸には**暖流**、大陸西岸には**寒流**が流れている。１４６頁の図２－２を見ると、北半球では**北東貿易風**、南半球では**南東貿易**

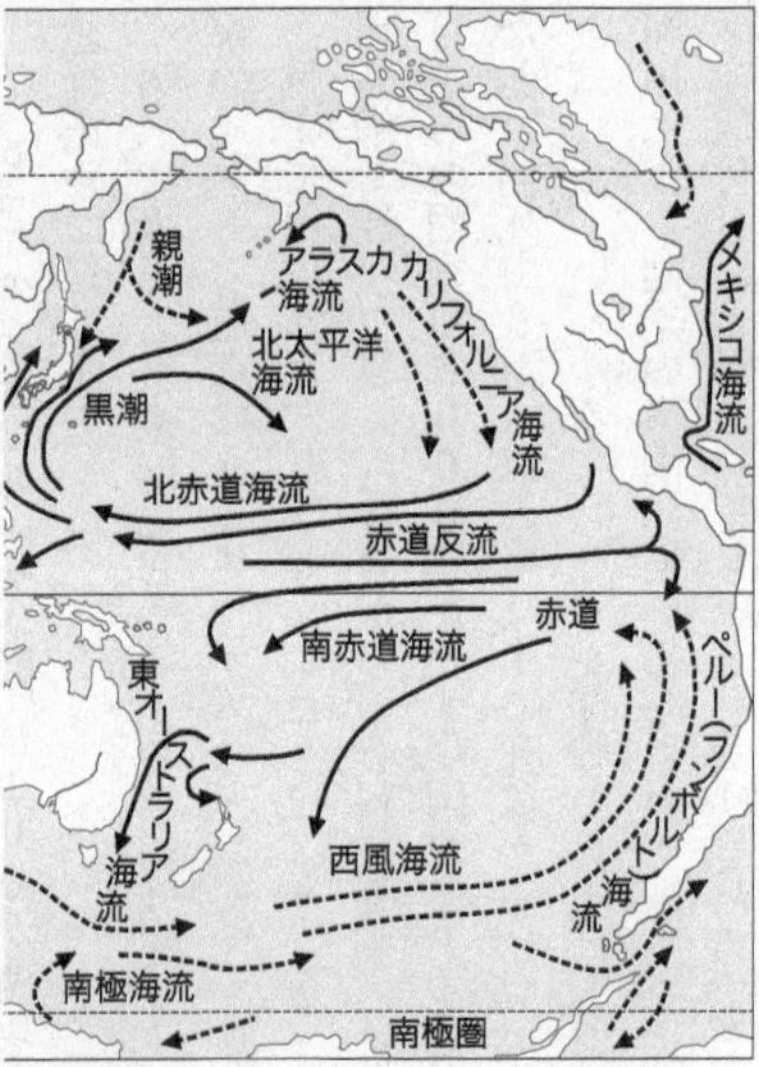

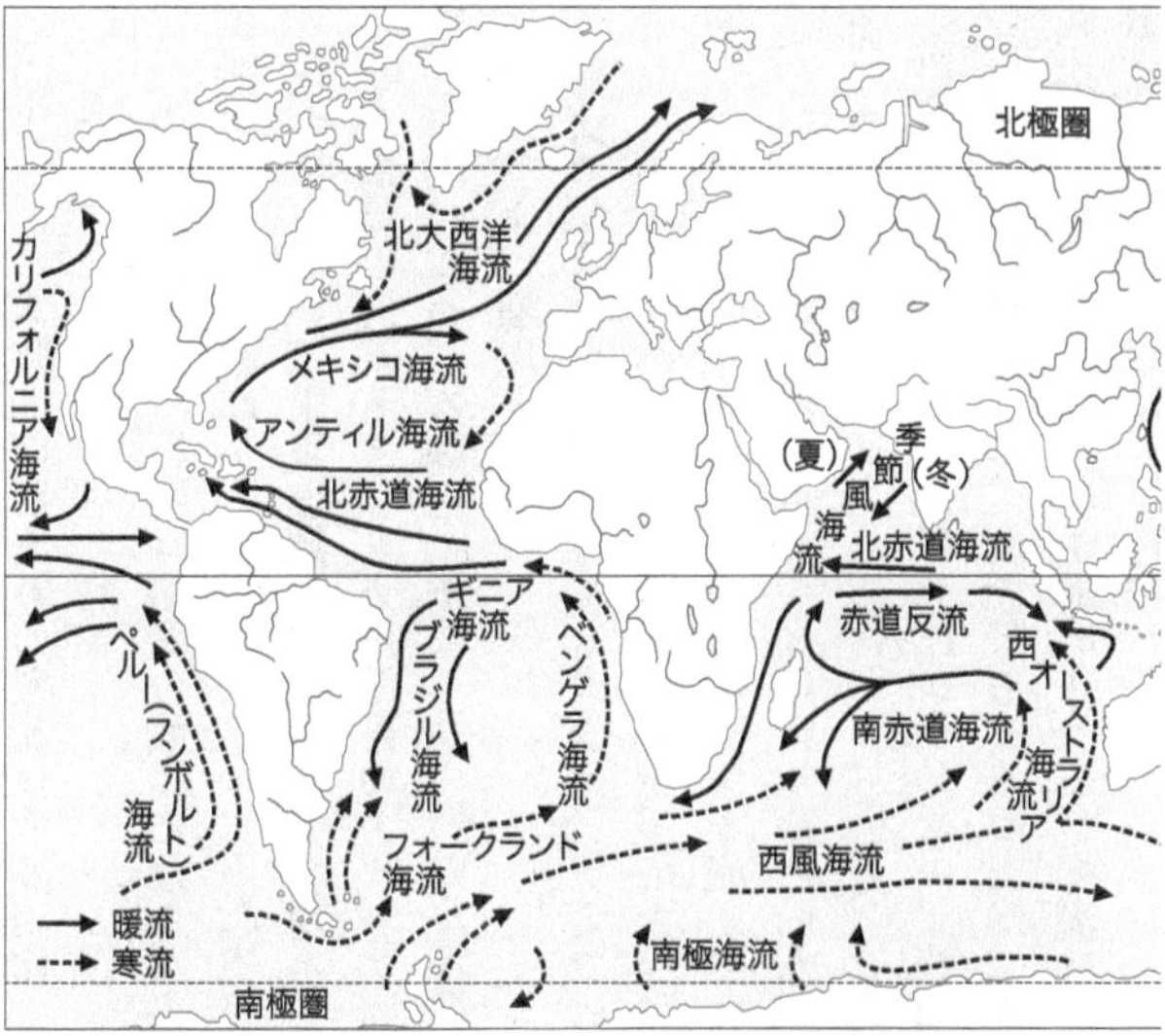

図2-10　世界の海流

風が吹いているが、図2－2の中に自分で大陸を描いてみると、大陸西岸では海岸から海の方向に貿易風が吹くことがわかる。大陸西岸では、その貿易風で海面の水が沖合に引っ張られ、海岸付近の水が減る分は、海面を一定に保つために海底から**湧昇流**《ゆうしょうりゅう》として水が上がってきて補われる。海底からの水は冷たいので、寒流となるわけである。それが転向力によって北半球では右回り、南半球では左回りになり、赤道付近で海流の温度は上がって暖流となって、大陸東岸を流れる（図2－10）。

このように、大陸西岸を流れる寒流は大陸東岸では暖流となって、ぐるぐると回っているのだ。

寒流の流れている場所は格好の漁場になる。先に述べたように、寒流が流れている場所というのは海岸から沖合に向かって卓越風が吹く場所で、そのときに湧昇流が海底にたまっている**栄養塩類**を海面近くまで運んでくるため、魚が集まるのである。**ベンゲラ海流**の流れるアフリカ南西部のナミビア沿岸には日本の漁船もやってくる。暖流と寒流がぶつかる**潮目**《しおめ》（**潮境**《しおざかい》）は、海の水が循環して海底の栄養塩類が上昇してくるため、よい漁場となる。

海流の影響は世界的に見ても大きい。**ナミブ砂漠**の内陸にいると日中は40℃以上にもなるが、そこから車で1時間ほど走って大西洋岸まで来ると、ひんやりとした風が海から吹き、肌寒い。この寒流が沿岸を流れている場所には砂漠が分布していることが多い。寒流は、海面近くで周辺より冷たい水が流れるものである。したがって、寒流が流れていると、その冷たい水に接する大気は冷やされ、冷たい空気は重いので（冷房の空気のように）上昇気流が生じない。普通は海面が太陽に熱せられ、暖まった空気が上昇気流となって雨を降らせるのだが、その上昇気流が生じないため、年中降水がほとんどなく、砂漠が形成される。寒流は大陸西岸にしか流れないため、海岸砂漠は大陸の西海岸にしか存在しない。

ちょうどいま、この原稿をゴバベップというナミブ砂漠のど真ん中にある研究施設で書いているが、夕日がナミブ砂漠のオレンジ色の**砂丘**にあたって美しい。砂丘にはふだんは植物がほとんどないが、ここ数年の異常な雨で、砂丘にイネ科の草が緑の斑点をつくっているのが窓越しに見える。11月は初夏にあたり日中はとにかく猛烈に暑い。外に出れば40℃以上にもなる高温で、午前9時ごろに登った砂丘は裸足で歩くと気持ちがよかったが（サマータイムを使っているので、実際は午前8時）、午前10時（実際は午前9時）を過ぎると砂は熱くなり、靴底からその焼けつく熱を感じる。暑くて午前中しか外を歩けないので、昼に施設内に戻ると、冷房が入っているのかと勘違いするほどひんやりしている。外でも木陰だと涼しい。湿度が低いため、日向と日陰では体感温度がまるで違う。また、日中は40℃以上になっても、夜は長袖がいるほど気温が下がる。ベッドの上では布団をかぶらないと寒いのだ。

何千万年も昔から**ドラケンスバーグ山脈**の岩盤が風化して砂が供給され、それが南アフリカとナミビア国境を流れるオレンジ川によって下流に運ばれて、河口に三角州がつくられた。その三角州が沿岸を流れる海流によって削られ、砂は北のナミブ砂漠の沿岸部に運ばれ、それが南西風によって内陸に吹き寄せられて砂丘が形成された。湾や海岸からの砂や固まってできた砂岩が削摩されてできた砂が、さらに新しい砂丘をつくっていく。海岸部にある砂丘は白い（写真2-3）。それが内陸に行くにした

写真2-3　ナミブ砂漠の海岸部の白い砂丘

写真2-4　ナミブ砂漠　世界でもっとも古く（8000万年前）、もっとも美しいといわれている

写真2-5　週に数日、ナミブ砂漠は霧で覆われる。この霧がナミブ砂漠の動植物に水分を供給している

がって赤くなっていくのだ（写真2－4）。

ナミブ砂漠は世界一美しい砂漠といわれている（写真2－4）。砂丘の砂はほぼ100%が石英の粒で、砂丘の砂を取って学生に双眼鏡を逆向きにして見させると（双眼鏡を逆向きにするとルーペになる）、その宝石のような石英の粒に驚きの声をあげた。石英の粒の表面には鉄分がコーティングされているため、その鉄が降水で酸化して酸化鉄になり、錆《さび》のようなオレンジ色の砂丘をつくっているのだ。鉄分を含む鉱物粒子が風化する過程で鉄分が溶出していくのだが、その風化過程には長い年月が必要であり、海から運ばれたばかりの砂でできている海岸部の砂丘は風化がまだ進んでいない。内陸に行くにしたがって、海岸部から南西風で移動してきた時間が長く、風化が進んで、石英の表面がより多く酸化鉄の皮膜で覆われ赤くなっていく。

このナミブ砂漠にはときどき海からの霧が発生し、砂丘を霧が覆う（写真2－5）。霧の発生は海岸部で年間100日くらい、内陸のゴバベップで40日くらいである。ベンゲラ海流で冷やされた空気が水蒸気を含めなくなった分だけ、水粒が露出して霧が発生する。霧は南西風によって内陸に広がり、太陽が昇って気温が上がると消える。ナミブ砂漠のゴバベップでの年間平均降雨量は27㎜しかないが、年間霧降水量は30㎜あって、この霧はナミブ砂漠の動植物の重要な水分供給源になっている。

なぜ低緯度は1年間の気温変化が小さく、高緯度は大きいのか？
——気温の日較差と年較差

図2－11は赤道直下のキト（エクアドル）と東京の時別月平均気温の年変化を示す。低緯度のキトでは朝9時であれば一年中ほぼ12℃である。しかし、8月の一日の気温は、朝5時の6℃から午後2時の20℃まで14℃も変化する。一方、高緯度の東京では、朝9時であれば、1月の約5℃から8月の25℃まで20℃も違う。しかし、8月の一日の気温は、朝5時の23℃くらいから午後2時の28℃くらいまで5℃くらいの差である。

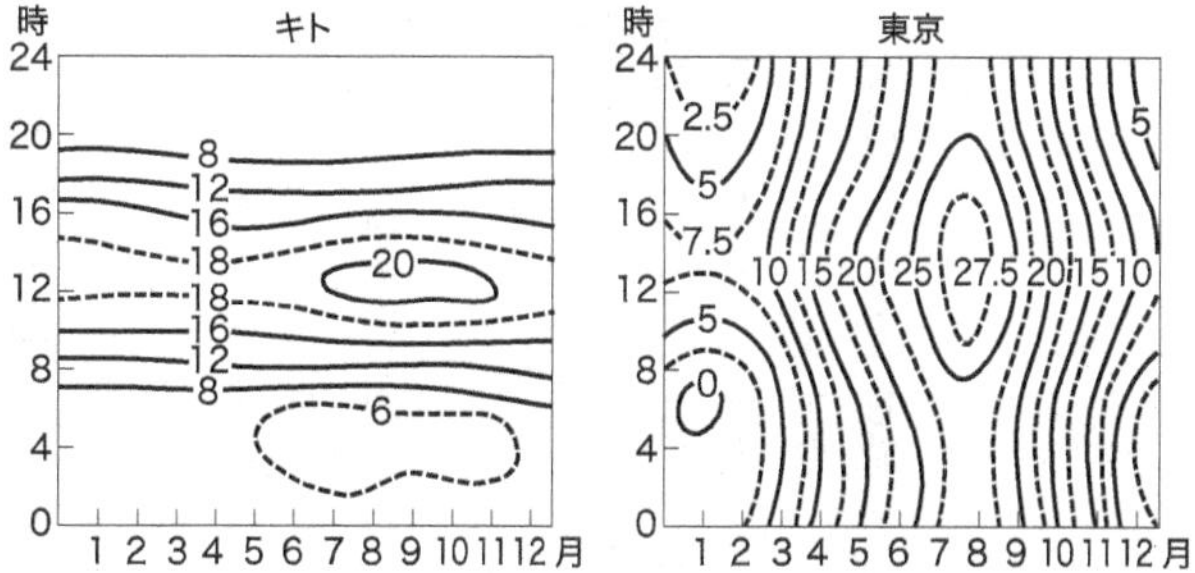

図2-11　キト（エクアドル）と東京の時別月平均気温（℃）の年変化（福井編 1962、仁科 2003）横軸は月を、縦軸は時刻を示す。グラフ内の数字は気温をあらわす

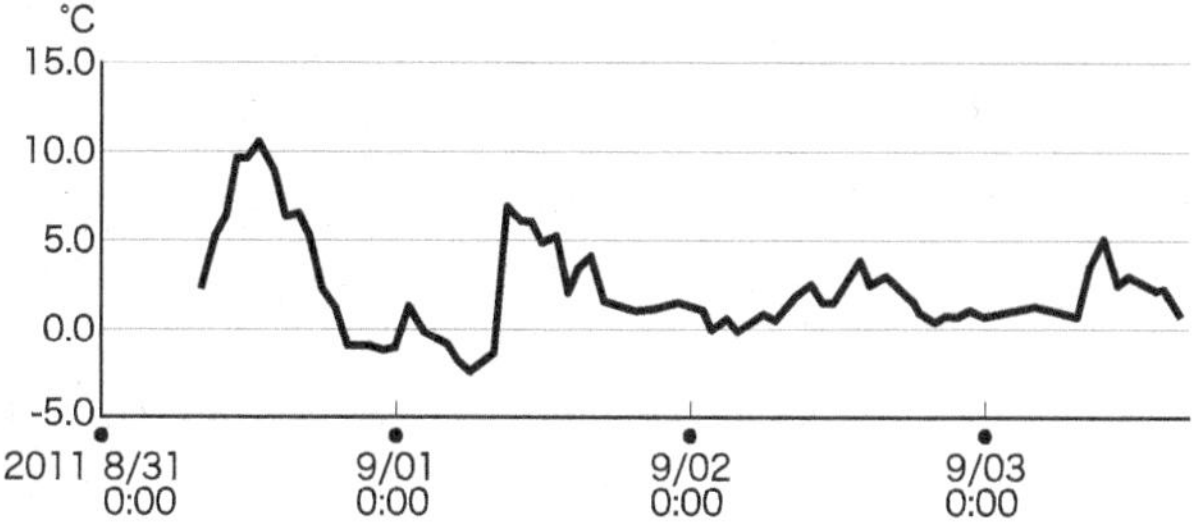

図2-12　ケニア山、ティンダル氷河末端付近の気温（4580m、2011年8月31日～9月3日）

このように低緯度では気温の一日の変化（**日較差**）が大きく、気温の1年間の変化（**年較差**）は小さいが、高緯度では気温の一日の変化（日較差）が小さく、気温の1年間の変化（年較差）は大きい。気温の年変化については、図2－7に示した地球の自転と太陽のまわりをまわる公転と、それぞれの位置関係を見れば理解できる。赤道付近は冬と夏の太陽からの受光量にさほど差がないが、高緯度では夏には太陽高度が高く、地表面一定面積あたりの受光量が多く、冬は太陽高度が低いので受光量が少ないためである。

図2－12は赤道直下にあるケニア山の氷河付近の気温を測定したグラフだが、2011年8月31日～9月1日は、日中の10℃以上から深夜の零下まで10℃以上差があった。9月2日と3日は曇っていたため温度差は小さかった。ケニア山やキリマンジャロに生育している背丈数m以上にもなるキク科草本のジャイアントセネシオやキキョウ科のジャイアントロベリアは、一日の気温変化が10℃以上にもなり、夜間は零下になるため、凍結から身を守る構造をもっている（写真2－1）。

2－2　気候変動

北海道と本州はなぜ生息する動物が違うのか？

――気候変動と日本の動植物の分布

過去の**気候変動**（17頁、図1－1）は、現在の自然に大きな影響を与えている。現在は中部山岳地帯の高度4000m付近にある**雪線**（その高度線より高い土地があれば氷河が流れる）が、**最終氷期**には高度2500mまで下がったため（50頁、図1－13）、日本の高山には**氷河**が流れた跡の**氷河地形**が見られる（54頁、図1－14）。また、氷河の下限より下にある**高山植物**の**お花畑**は、最終氷期には東北地方の場合、高度1000mくらいの北上高地に広く分布していた。やがて、氷河時代が終わると高山植物は山の高いほうに逃避するが、北上高地に広がっていた高山植物は、唯一2000mくらいの高度のある早池峰山（1917m）に逃げ込み、そのため早池峰山には世界でここにしかない固有種のハヤチネウスユキソウ（日本では、ヨーロッパのエーデルワイスにもっとも似ているといわれる）などが分布することになった。

氷河時代には海面も120mくらい低下し（17頁、図1-1）、水深の浅い間宮海峡（水深10m以下）や宗谷海峡（水深45～50m）は陸化して陸橋ができたものの、水深120～140mの津軽海峡はつながらなかった。シベリアから陸橋をわたって動物たちが北海道までやってきたが、小動物はその狭まった海峡をわたれなかったため、ナキウサギやクロテン、シマリス、エゾヤチネズミなどは北海道にしか生息しない。そのため北海道と本州の動物相は大きく異なることになり、この北海道と本州のあいだの生物の分布境界を**ブラキストン線**とよんでいる（1880年代にイギリス人のトーマス・ブラキストンが日本の鳥類の分布から提唱した）。ところで、本州と北海道の動物で近縁種を比較すると、北海道の動物のほうが体が大きい。たとえば、北海道のヒグマは本州のツキノワグマより体が大きい。北極付近にいるホッキョクグマはさらに大きい。これには、**ベルグマンの法則**が関係しているといわれている。寒い場所に生息する動物は、体から奪われる熱量を減らす必要がある。体内での熱生産量は体重に比例し、放熱量は体表面積に比例する。体長が大きくなるにつれて体重あたりの体表面積は小さくなる（物体がa倍に拡大されると体積（体重）はa^3になり、表面積はa^2に拡大されるため）。そのため、寒冷地になるほど、同種の動物を比較すると体が大きくなっていくのだ。

気候変動による海面の高度の歴史的変化は、その遺物をいろいろな形で我々に見せている。たとえば、温暖期の**縄文時代**には海面が上昇して湾の奥まで水が進入したため、内陸に縄文時代の**貝塚**が見られる。逆に、**弥生時代**には寒冷化したため、海面が下がり、富山県の魚津の海岸沿いに、いまから2000年ほど前の弥生時代に生えていた樹林帯は、その後、海面が上昇して海に樹木がそのまま埋没して、現在も**埋没林**としてその姿を見せている。

なぜサハラ砂漠にゾウやカバ、キリンの古代壁画があるのか？
――気候変動とアフリカの動物分布

図2-13はかつて私の指導教員であった門村浩先生がお作りになった図である。約2万年前の**最終氷期**の最盛期にはアフリカのほとんどから**熱帯雨林**が消滅した。わずかにコンゴ民主共和国とウガンダの国境の山岳地帯と、コンゴ民主共和国の東部、さらにナイジェリア南部からカメルーン、ガボン、赤道ギニア、中央アフリカ、コンゴ共和国の一部にかけての3か所に熱帯雨林は避難した。その熱帯雨林の避難場所と図2-14の現在の**ゴリラ**の分布はぴったりと一致する。熱帯雨林の**避難場所**に、熱帯雨林で生息するゴリラも逃げ込んだため、その後熱帯雨林が広く拡大したいまも、ゴリ

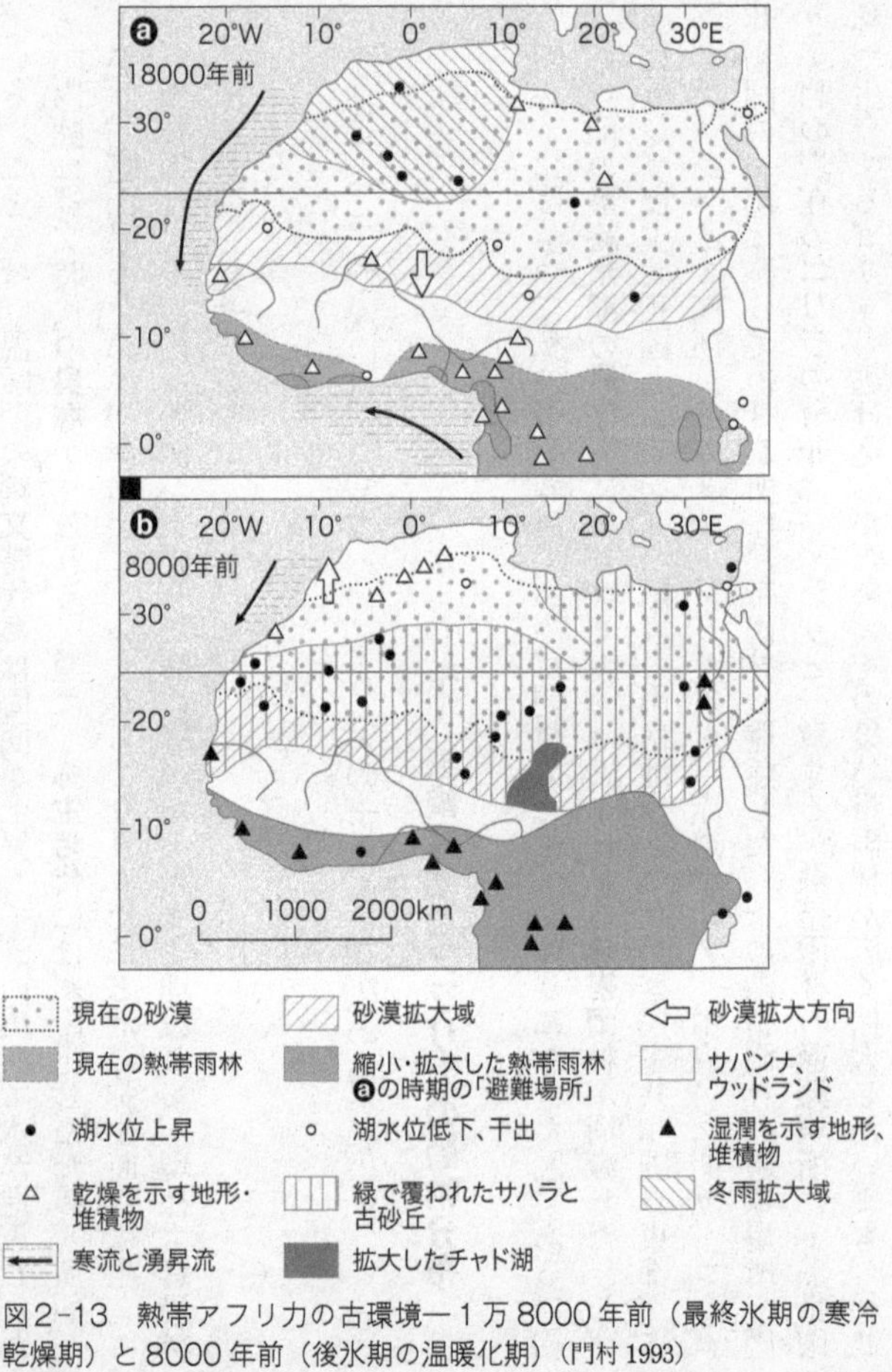

図2-13　熱帯アフリカの古環境―1万8000年前（最終氷期の寒冷乾燥期）と8000年前（後氷期の温暖化期）（門村 1993）

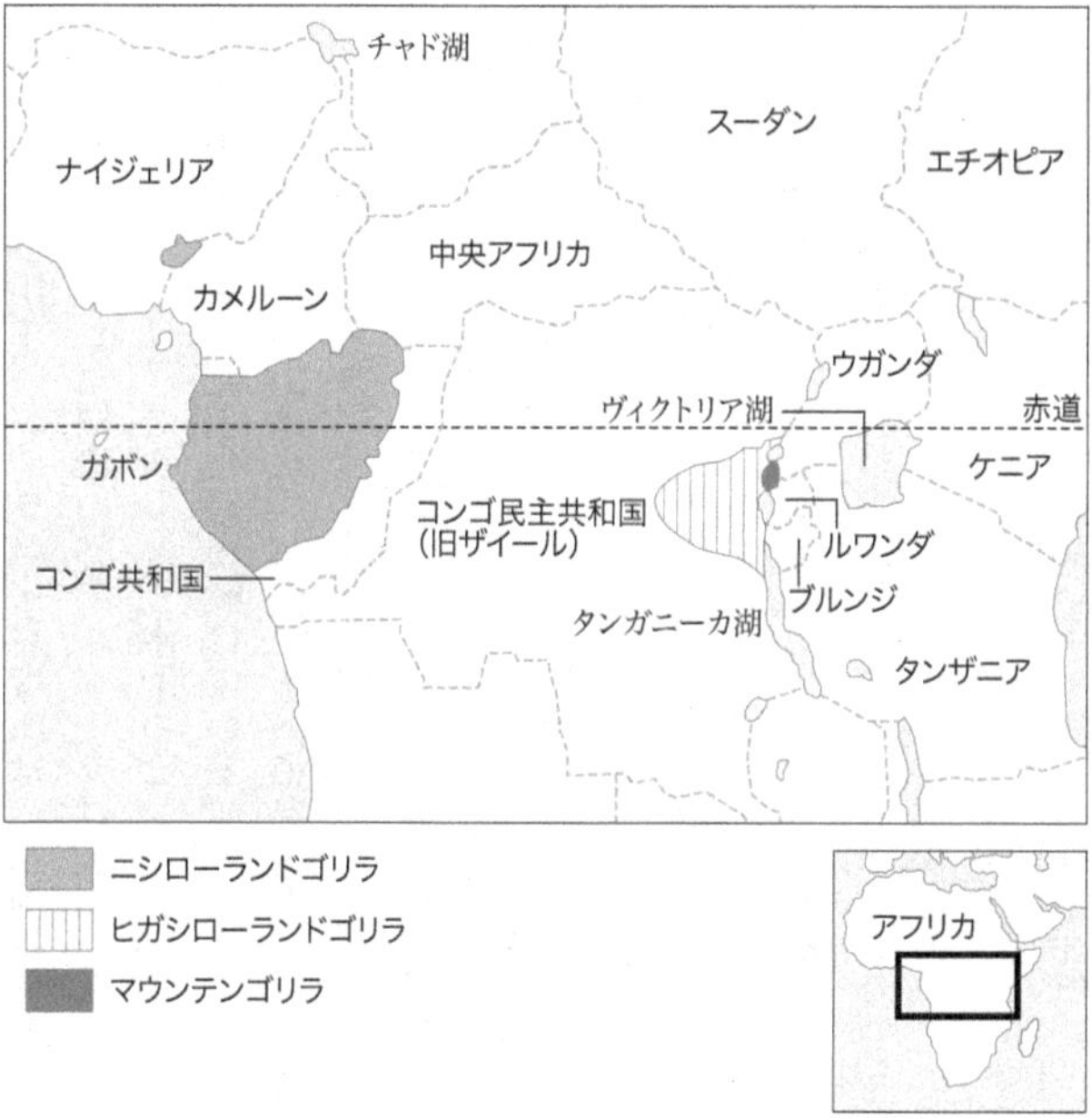

図2-14　ゴリラの分布（山極 1998 を一部改変）

ラはそこから出ず、ゴリラの生息場所は、**氷河時代**の熱帯雨林の避難場所に限られているのだ。縮小した熱帯雨林で、ゴリラは樹上から地上に降りて生活をはじめた。一方、東南アジアはアフリカほど**氷河**の影響を受けず、熱帯雨林も消失しなかったため、**オランウータン**は樹上生活を続けている。

東アフリカの高山は氷河時代に氷河の影響を大きく受けたため、高山のフロラ（植物相）を構成する植物種は300種弱であるが、その影響が小さかった南米の**ロライマ高地**（ベネズエラ、ガイアナ、ブラジルの国境付近）では約4500種もある。

温暖だった**縄文時代**（6000〜8000年前）には、アフリカでは**サハラ砂漠**に雨が降り、砂漠が緑で覆われ、川が流れていたため、「**緑のサハラ**」（Green Sahara）とよばれている（図2-13）。アルジェリア南東部のサハラ砂漠に**タッシリ・ナジェール**（現地のトァレグ語で「水流の多い台地」という意味）という山脈がある。ここにある洞窟の**壁画**にはいろんな動物が描かれている。壁画は顔料から年代が推定されており、2200年前以降の壁画はラクダ、2200〜3500年前はウマ、3500〜6000年前はウシが描かれ、6000〜8000年前の壁画にはなんとゾウやカバ、キリンなどが描かれていたのだった。つまり、6000〜8000年前にはこのあたりにゾウやカバ、キリンが生息し、かつてそこがサバンナであったことの証拠になっている。タッシリ・ナジェールは、2013年にイスラム過激派によって引き起こされた天然ガス精製プラント襲撃事件で、日本企業の10人が犠牲になった場所に近い。テレビで放映される映像は砂漠の乾燥した風景を映し出していた。この場所に6000～8000年前には川が流れ、ゾウやカバが生息していたと思うと、気候変動の影響は計り知れないと感じる。

なぜ14～17世紀にヨーロッパでペストが流行したのか？
——気候変動と世界の歴史

過去の**気候変動**は世界の自然や社会、歴史に大きな影響を与えてきた。寒かった4世紀にはゲルマン民族が暖かい海のほうに大移動し、暖かかった8～11世紀には（図2-15）、北欧からグリーンランドにかけて**バイキング**が活躍した。その暖かい時代に日本では平安王朝が長く続いている。しかし、鎌倉時代以降寒冷化が続くと、日本の政権は長続きしない。寒かった13世紀には（図2-15）、チンギス・ハーン率いる**モンゴル民族**がヨーロッパのほうまで遠征し勢力を拡大した。そのとき、なぜモンゴル民族がアジアからヨーロッパまで大移動できたかについては、世界の植生帯が大きく関わっている。そのころは、現在と同様にアジアからハンガリーあたりまで草原、すなわち**ステップ**の回廊が続いていた（144頁、図2－1）。**騎馬民族**のモンゴル民族はその草原の回廊を通ってヨーロッパまで行けたのであり、もし草原帯が途切れて森林になっていたら、ヨーロッパまで遠征することはできなかったであろう。モンゴル民族が遠征したあたりにあるのが現在のハンガリーである。

14世紀になると**小氷期**がはじまり、19世紀まで続いた（図2－15）。小氷期に入って16～17世紀には、ヨーロッパでは暖炉で燃やす薪が不足し、羊毛の上着を十分に暖炉で乾燥させることができなくなった。そのためノミが繁殖して、ヨーロッパに**ペスト**が大流行した。寒さと食糧難で、飢餓やペストにおびえた人々は、それを悪魔の仕

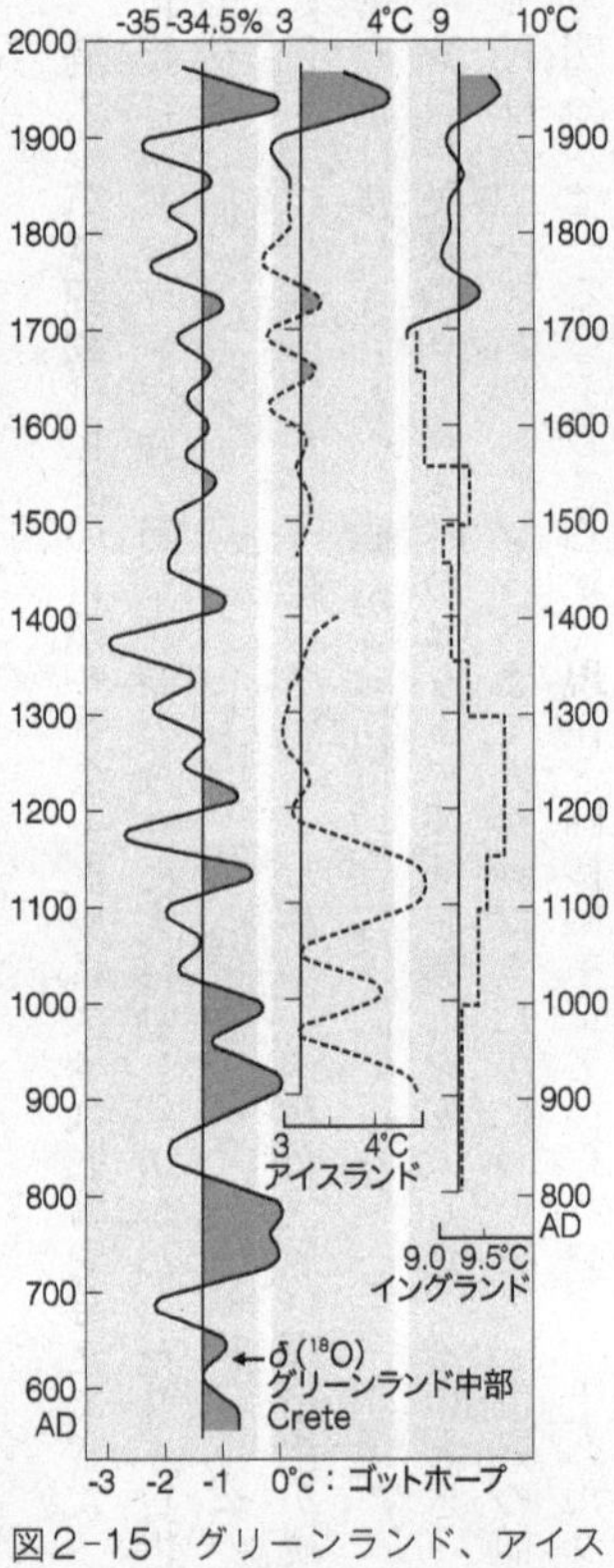

図2-15　グリーンランド、アイスランド、イングランドの気温変化（グリーンランドは氷柱コア中の ^{18}O の濃度変化）（Dansgaard et. al. 1975）

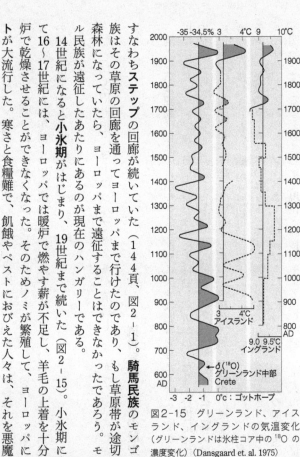

業としてとらえ、**魔女狩り**がさかんに行われるようになる。小氷期のうちとくに寒かったのは19世紀であり、ナポレオン軍がモスクワから撤退した1812年12月はとくに寒かった。諏訪大社に残る諏訪湖の「御神渡《おみわた》り」の記録から、1812年12月26日に諏訪湖が全面結氷したことがわかっている。

氷河から9000〜10000年前のヒョウの遺骸を発見！
——温暖化と氷河の縮小

私は1992年よりケニア山で第二の**氷河**であるティンダル氷河における、氷河の後退と植物の遷移の研究を行っている。図2-16はケニア山の標高1890m地点における1963〜2011年の月平均最低気温と年平均最低気温を示している。約50年間で約2℃気温が上昇していることがわかる。このような気温上昇によってアフリカの高山では氷河が縮小している。キリマンジャロ、キボ峰の山頂の氷河も、1992年（写真2-6）から2009年（写真2-7）にかけてかなり縮小している。ケニア山最大の氷河であるルイス氷河も近年大きく後退している。

私はケニア山第二の氷河であるティンダル氷河から、1997年にヒョウの遺骸を

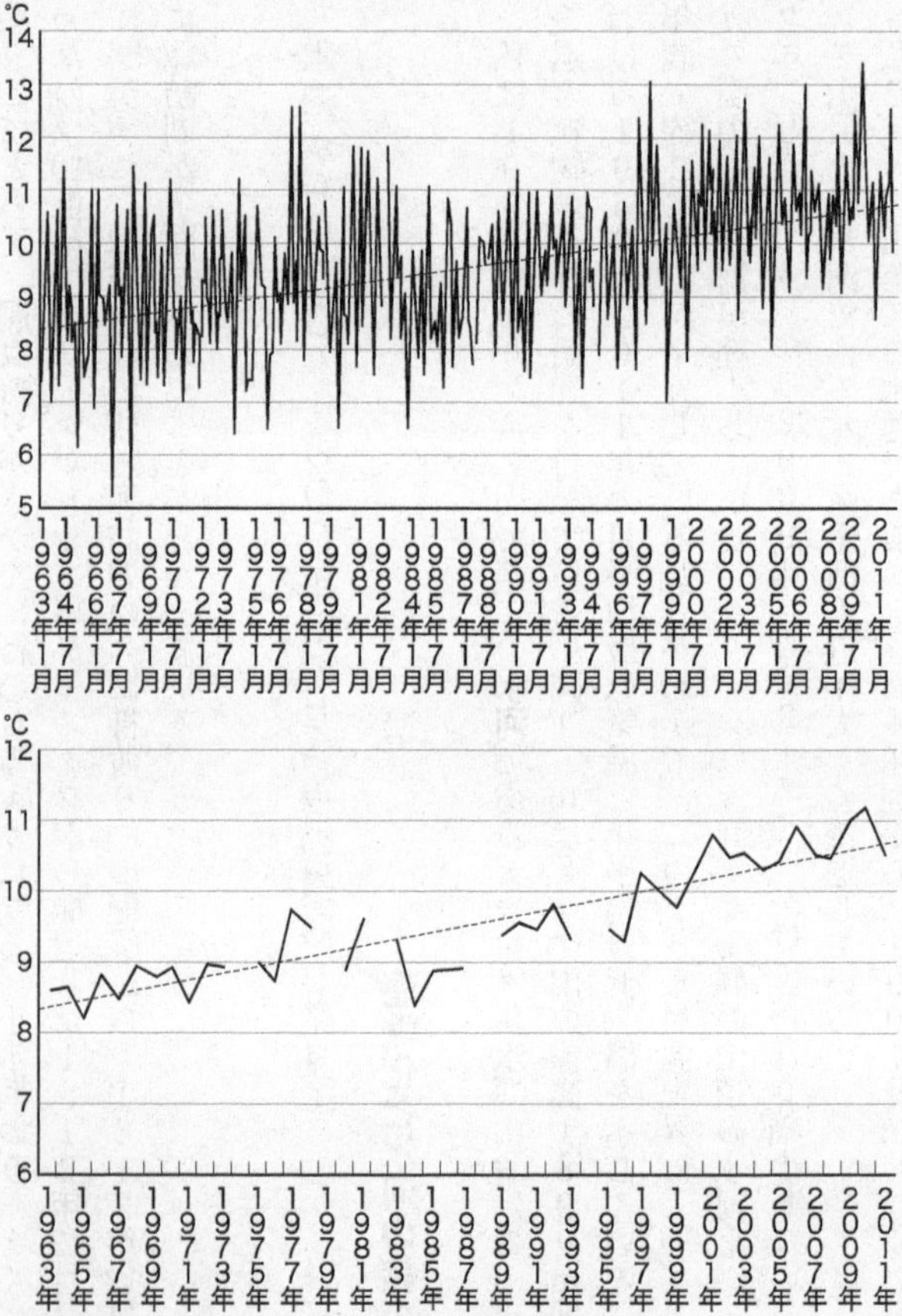

図2-16　月平均最低気温と年平均最低気温（ケニア山、ナンユキ：標高 1890m、0.03N, 37.02E）（Mizuno and Fujita 2014）

写真2-6　キリマンジャロ、キボ峰山頂の氷河（1992年）

写真2-7　キリマンジャロ、キボ峰山頂の氷河（2009年）　温暖化で氷河は急速に縮小している

写真2-8　900〜1000年前のヒョウの遺骸　1997年に筆者がケニア山のティンダル氷河で発見した。世界的気候変動を裏づける重要な証拠となった

発見した（写真2－8）。ヒョウの遺骸は**放射性炭素年代測定**によって、いまから900〜1000年ほど前のものと判明した。そのころは日本は平安時代末期にあたり、暖かい時代であった。その後、19世紀まで寒い時代が続き（図2－15）、ヒョウは氷の中で眠り続けていたのである。しかし、20世紀以降の**温暖化**により氷河は溶け、1997年に氷の中からヒョウが出てきたわけだ。1000年にわたるヒョウの眠りを覚ましたのは、ほかならぬ温暖化だった。アフリカにはキリマンジャロ、ケニア山、ルウェンゾリ山地にのみ氷河があり、それらの白く輝く山頂は「ンガイエ・ンガイ（神の家）」と信仰の対象にされてきた。しかし、10〜20年後にはそれらの山頂から氷河は消

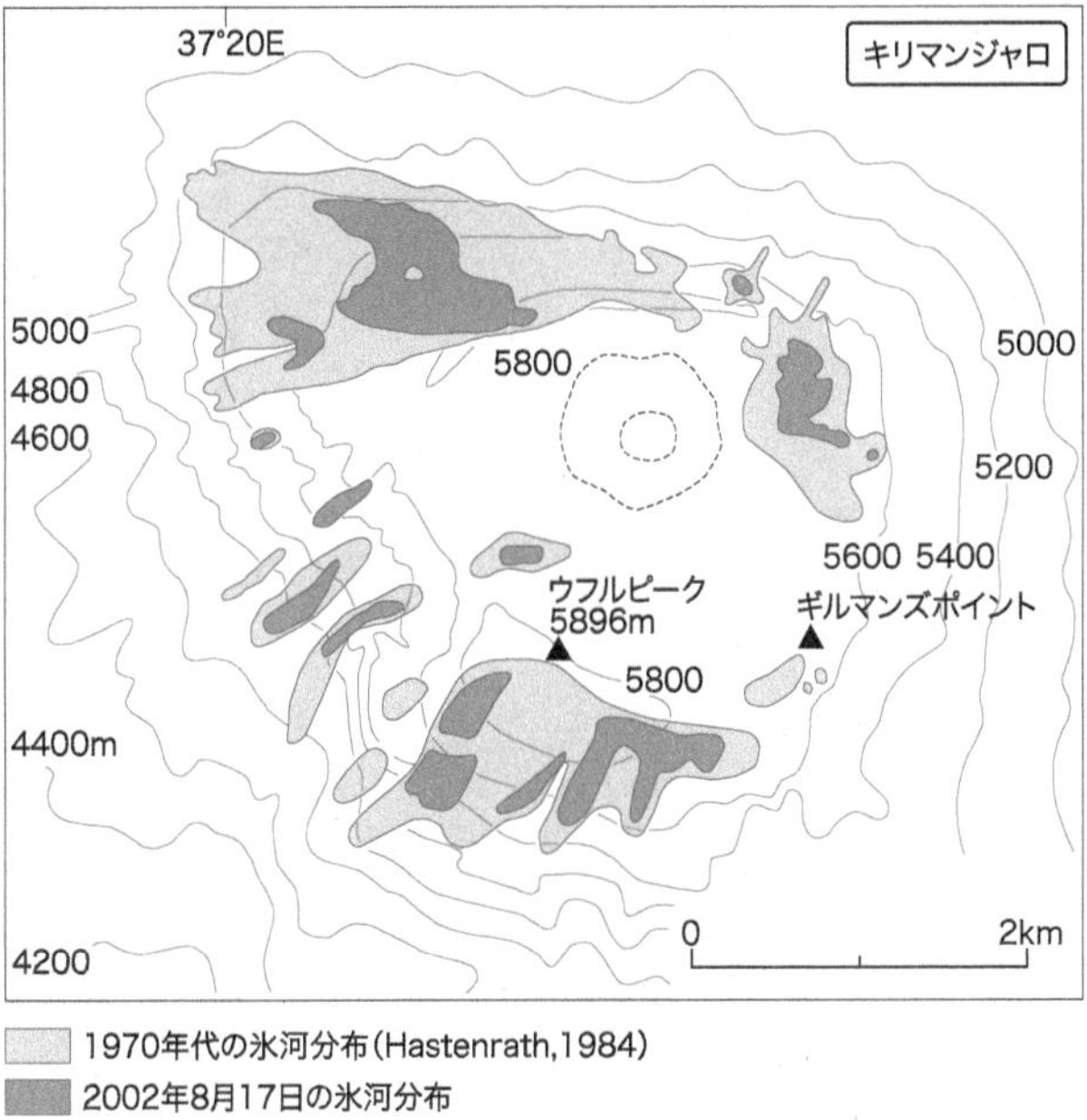

図2-17　キリマンジャロ、キボ峰の氷河分布図（水野 2005）

滅するといわれている（図2-17）。

図2-17は、2002年8月17日にチャーターしたセスナから撮影した写真や映像をもとに作図したものである。基本的に高度4500mまでしか飛べないセスナで、高度6000m近くまで飛んでもらい、撮影のためにセスナのドアを外したため、猛烈に寒かった。

3　植生と土壌

3-1　世界の植生と土壌

シーボルトがオランダ人になりすまして日本で見たかった木は?
——多様な植物種の日本と単調な植物種のヨーロッパ

秋になると京都や奈良に紅葉を見に来るヨーロッパ人が増える。彼らにとっては日本の春の桜より秋の紅葉のほうが人気だ。なぜなら、ヨーロッパでは日本のように赤や黄色、オレンジ色などさまざまな色を映し出す紅葉は見られないからである。かつて、**シーボルト**（フィリップ・フランツ・フォン・シーボルト）というドイツ人がいた。医学、人類学、民族学、地理学などを学んでいたが、長崎の出島から戻ってきたオランダ人が日本を紹介した書物を読んで、ヨーロッパでは**第三紀**（2600万年前から600万年前）の温暖期の化石でしか見られない**イチョウ**が、日本では普通に生えているということにとくに惹かれた。

彼は、いろいろと日本に興味をもち、なんとか日本に行けないかと画策し、当時日本と唯一国交のあったオランダに行ってオランダ領東インドの陸軍軍医外科少佐になり、長崎の出島に来ることになったのであった。出島に入るときにひとりひとり江戸幕府の役人から尋問を受けたが、シーボルトを尋問した江戸幕府の役人は、商館長に、「この男はオランダ語の発音がおかしくないか」と問うた。ドイツ人であるシーボルトのオランダ語が少々おかしかったのであるが、商館長は、「この男はオランダでも山奥の出なので訛りがひどいのです」とうまく切り抜けた。驚くのは、その当時の江戸幕府の役人が、発音を聞き分けるほどオランダ語に堪能であったことと、オランダが海面すれすれの低地の国で山がないことを知らなかった役人の貧弱な地理力である。

　オランダ商館はシーボルトを名医として積極的に売り込み、簡単な外科手術がきっかけで「オランダの名医」という評判が立ち、そのため向学心に燃える若き蘭学者が次々と長崎にやってくることになった。シーボルトはほかのオランダ人には与えられないような調査・研究の便宜を得て、鳴滝《なるたき》塾を作り、治療と講義ができるようになった。鳴滝塾には、高野長英や伊藤圭介など多数の弟子たちが集まり、27歳の先生も生徒もほぼ同じ若さで、教室は熱気に満ちていた。シーボルトには丸山遊郭に愛人がいた。遊女名は其扇《そのぎ》、本名は楠本滝である。シーボルトは帰国するとき、大量の資料、植物標本、生植物を送ったり持ち帰ったりしたが、日本原産の**アジサイ**の標本も多数ヨーロッパに持ち帰った。当時、アジサイはヨーロッパにはなく、それで、学名にお滝の名をつけて、「お滝の草＝オタクサ」*Hydrangea otaksa*（現在は使われていない）

としたのである。

シーボルトが帰国しようとした1828年9月17日に台風が来襲し、有明海の異常な高潮などのため1万人の死者を出した。この台風で長崎の出島付近に停泊していたオランダ商船コルネリス・ハウトマン号が難破し、国外持ち出し禁止の日本地図が発見された。いわゆるシーボルト事件である。これにより、友人、弟子、通詞のなかに処分される者が出て、シーボルトは日本追放を言い渡される。シーボルトには滝とのあいだにひとり娘のイネがいた。シーボルトが帰国の際、長崎港を出るとき、弟子2人が漁師に身を変えて滝とイネを湾上に運び、母とわずか2歳の娘は小舟から見送ったのだった。イネは後に日本で最初の女性の産婦人科医となる。

ヨーロッパの植生は非常に単調である。ヨーロッパ北部の高等植物は全部あわせても2000種ほどしかなく、日本は小さな島国でありながら5000〜6000種が存在する。イギリスが約1600種、フィンランドが約1100種に対し、東京近郊の**高尾山**（599m）には約1300種ある。

ヨーロッパの森林はきわめて単純で、森林をつくるような樹種は全部あわせても30種程度ときわめて少ない。イギリスには針葉樹は3種しか天然分布しておらず、しかも高木になって森林らしくなるのはヨーロッパアカマツ1種のみのようだ。スカンジナビアでも針葉樹はマツ、トウヒ各1種が分布するだけだ。中部ヨーロッパでも高木

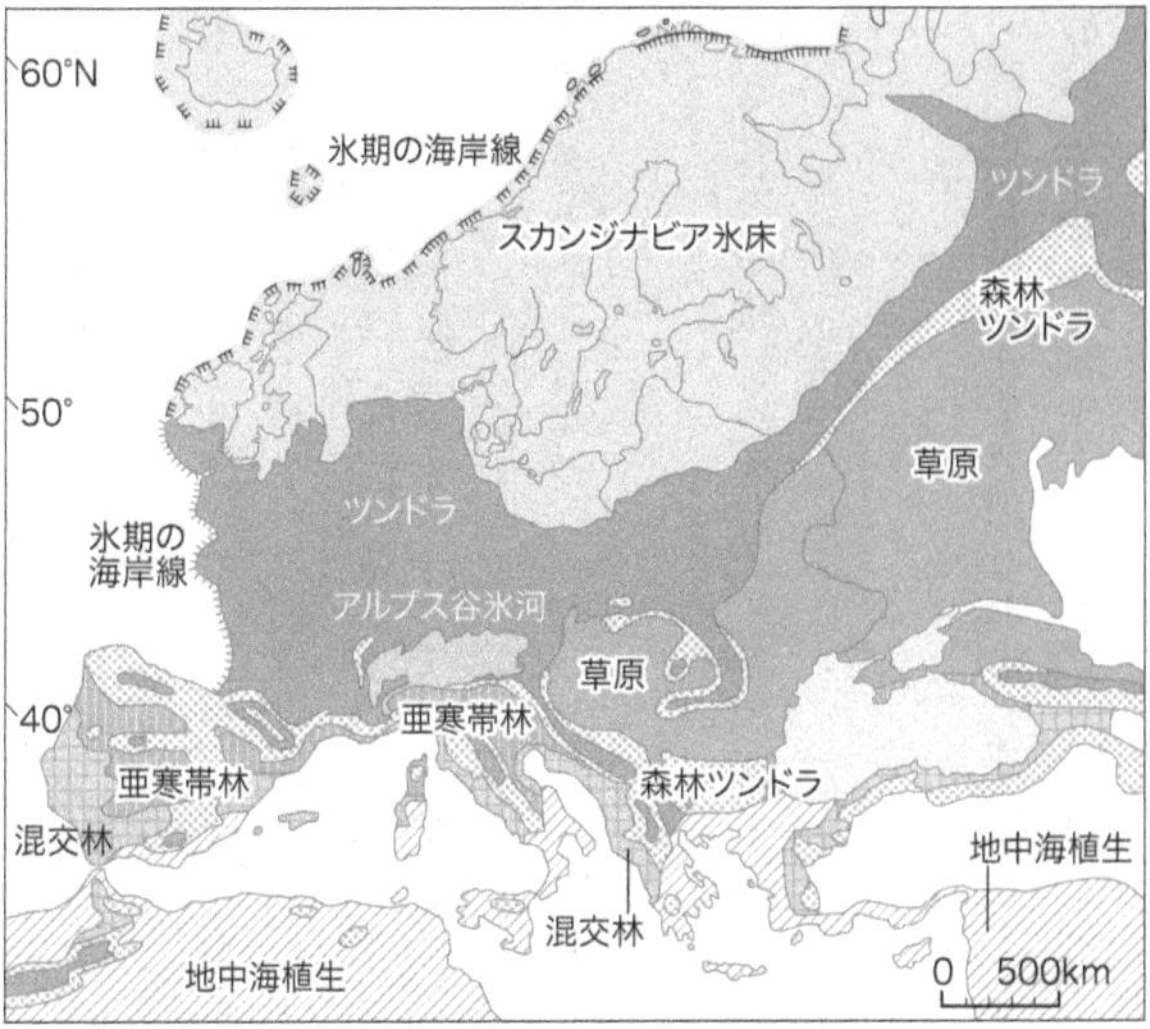

図3-1　最終氷期におけるヨーロッパの自然環境（Büdel 1982，杉谷・平井・松本 2005）

になる針葉樹はマツが2種、トウヒ、モミ、カラマツが1種ずつしかない。広葉樹でも森林らしい森林になるのはナラ2種、ブナ1種、カンバ3種にすぎない。一方、日本には針葉樹は37種ある。一つの地区で樹木だけでも300〜400種あり、ほかの植物も含めると800〜1000種に達する。なぜ、このような植生の違いが生じてしまったのであろうか。

最終氷期の時代に北ドイツ、スコットランド、北欧は氷床に覆われた。南部ドイツやフランスは高山植物が咲くツンドラの草原となった（図3－1）。そして、樹木たちは種を飛ばして南に逃避しようとしたが、それを遮ったのが**ヨーロッパ・アルプス**と**ピレネー山脈**である。寒い**第四紀**（260万年前から現在）には4回以上の氷河時代があったため、氷河時代には樹木は南下し、間氷期には北上する。そのたびに両山脈が障害となったため、多くの樹種が消滅し、ヨーロッパの樹種は激減したのである。日本に住んでいると当たり前だと思っているが、日本列島は熱帯を除くと世界でもかなり植物が豊富なところなのだ。

このようにしてヨーロッパでは、第三紀に存在していたイチョウが第四紀に絶滅し、日本に生育しているイチョウがシーボルトの来日を促し、そして日本の歴史に大きな足跡を残すことになったのだ。

なぜ熱帯雨林は樹高が50mにも達するのか？

――**熱帯雨林**

熱帯雨林が分布するのはおもに赤道周辺の**熱帯**地方である。熱帯雨林は樹種が多く、**常緑広葉樹**が主体で、冬にも葉をつけている。赤道付近は気温が高く、上昇気流が発達して雨が一年中降り、年間の降水量が2000㎜以上ある。そのため、**乾季**という

写真3－1　熱帯雨林の林冠　各樹木の樹冠が接して密なる林冠をつくり、日射が遮られて森の中は薄暗い（タイのカンチャナブリにおける熱帯雨林の観察タワーより撮影）

ものがないので、一年中、葉をつけて、葉から水分が蒸発しても、通年雨が降るため木が枯れることはない。また、一年中葉をつけていると、通年にわたって光合成を行えるため、樹木の成長はよく、樹高50ｍにも達する。樹木は垂直に3～5層の層構造をつくり、最上部の樹冠が接して密な林冠をつくっている（写真3－1）。

熱帯雨林は樹種が非常に多く、一つの森に多様な樹種が生育している。また、一般に硬い樹木（硬木《かたぎ》）が多く、さらに運搬の便が悪いため、パルプ材として使われる冷帯林より利用価値が低かった。しかし、紫檀《したん》、黒檀《こくたん》、チークのように硬い材質の樹木は彫刻をしやすく、紫檀や黒檀の仏壇など、家具材として利用価値が高い。熱帯雨林の樹木は、根が垂直かつ扁平に発育して、地表に露出した**板根《ばんこん》**をもつものが多い（写真3－2）。アフリカの熱帯雨林では成人男性の身長が1

写真3-2　熱帯雨林でよく見られる板根（ギニア）　樹高の高い熱帯雨林は板根で幹が支えられている

50cmくらいの**ピグミー**とよばれる人たちが、**狩猟採集**生活を送っている。

大型類人猿は地球上で**オランウータン**、**ゴリラ**、**チンパンジー**、**ボノボ**の4種類しかいない。いずれも熱帯雨林に生息している。ゴリラはニシローランドゴリラ、ヒガシローランドゴリラ、マウンテンゴリラの3種がある。私はウガンダのブウィンディ森林でマウンテンゴリラを観察した。私が観察した群れに対しては一日4人しか森に入れない。2時間ほど蒸し暑く足場の悪い森の中を管理官とともにゴリラを探してさまよい、やっとの思いでオス1頭、メス2頭の群れに出くわした。我々が数mの距離まで近づいても、何食わぬ顔をしながら草をむしゃむしゃ食べていた。ゴリラは草食動物であるため、大きな体を維持するために葉や茎などを常に食べている必要がある。観察は30分ほどで終わったが、人数が制限されて観察時間が短いのは、ゴリラは非常にストレスのたまりやすい動物であることと、人間からインフルエンザなどの病気をもらわないためである。したがって、15歳以下の子供や風邪を引いている人は入山できない。ゴリラのオスにも声変わりがあり、ホモセクシャルな行為をするなど人間に通じるものをもち、血液型は大半がB型というのも興味深い。ゴリラ研究者の山極寿一さんは『ゴリラ雑学ノート』のなかで、体つきがメスのように丸っこく、オスと交尾そっくりの行為をしていたのでメスと思い込んでいたゴリラに、あるときペニスがあるのを見て仰天したと述べられている。また、2頭のシルバーバックのゴリラが、それぞれオスのパートナーとのあいだのホモセクシャル交渉で射精までしたのを確認し、このような行動に対し、「やはりゴリラはそういう能力をもっていると考えたほうがよさそうだ」と説明されている。類人猿はいろいろな行為からやはり人間に近いと実感させられる。

私がチンパンジーの群れを観察したのは、西アフリカのギニア南端でリベリアとの国境に近いニンバ山近くのボッソウの森である。チンパンジーの親の子供への接し方や、子供が無邪気に遊んでいるようすなどは人間そっくりで、見ながら思わず微笑んでしまう。いつまで観察していても飽きなかった。2014年秋、エボラ出血熱が世界的に問題になったが、感染者を多数出したギニアとリベリアのニュースを聞いたとき、あのときお世話になった人たちは、どうしているのだろうかと心配になった。

写真3-3　サバンナ（ケニア）　アカシアのような傘状の樹冠をもつ落葉広葉樹林と背丈の高い草原からなる

サバンナの土が赤いのはなぜか？

――サバンナ

一方、**雨季**と**乾季**のある**サバンナ気候**では、乾季に樹木が葉をつけていると雨が降らないため葉から水分が蒸発するので、木が枯れてしまう。そのため、乾季には葉を落とす**落葉広葉樹林**が広く分布する（写真3-3）。また、乾季には樹木に葉がなく、それだけ光合成量が少ないので、樹木の背丈は低く、傘のような形をしている。一般に樹形と根の張り方は似ている場合が多く、**サバンナ**の樹木は地下部でも傘のように広い範囲に根を張りめぐらせて、広い範囲から水分を吸収している。樹木のまわりは背丈の高い草原で、そこは**野生動物**が生息するのに適した場所となっている（写真3－4）。

サバンナの日中は日差しが強く、野生動物が動き回るのはもっぱら涼しい朝と夕方である（ヒョウなどは夜行性）。熱帯雨林やサバンナなどの熱帯地方の土壌は赤い。気温が高い熱帯では岩石鉱物が分解して、鉄分やアルミニウム分が遊離し、それが雨で酸化して、酸化鉄すなわち錆になるわけだ。したがって、熱帯の土壌は錆色を呈して、**ラトソル**とか**ラテライト性土壌**とよばれている。温帯では地表の落葉や茎が腐った黒い**腐植**《ふしょく》が地表付近の土壌中にあり、それらの有機物が栄養分になっているが、熱帯では微生物の活動が活発なため、腐植が分解されてしまい、土壌に黒い部分がほとんどなく、栄養分が少ないため、熱帯の農業は生産性が低い。

写真3－4　サバンナの草原では昼間は日射が強いので、動物たちは灌木の木陰で昼寝をする（ケニア）

サバンナの草原には**シロアリ塚**が見られることが多い（写真3－5）。シロアリはアリの仲間ではなくゴキブリの仲間である。シロアリ塚はシロアリの排泄物と土を唾液で混ぜて積み上げていったもので、大きなものは直径30m、高さ10mにも達するという。一つのシロアリ塚の中には数百万匹のシロアリが棲んでいるという。塚の内部には多数の通気口が開けられ、昼は涼しく、夜は暖められるという自然の空調設備を備えている。シロアリ塚には木が生えている場合が多いが、木が先に生えていてそこにシロアリ塚ができるのか、シロアリ塚があるところに木が生えるのかは、よくわからなかった。かつて私の指導学生だった山科千里さんが、長年ナミビアのシロアリ塚の調査を行って博士論文にまとめ、その違いはその場所の環境によることを見出した（くわしくは水野・永原編『ナミビアを知るための53章』を参照）。アフリカではシロアリ塚の土は、牛糞と混ぜて家の壁を作るのに利用されている。

写真3-5　シロアリ塚（ケニア）　サバンナによく見られる

ナミビアのサバンナに広く分布している樹木に**マメ科ジャケツイバラ亜科**の半落葉樹の**モパネ**（*Colophospermum mopane*）がある。この樹種は河床など低平な土地を好み、現地住民は薪や建材として重宝している。かつて私の指導学生だった手代木功基さんがこのモパネ帯でヤギ放牧と植生の関係を調査していた。その調査によると、葉をつけている樹種が少ない乾季には、ヤギはもっぱらモパネの葉を食べていたが、樹種の豊富な雨季はヤギが好きな葉を求めて、乾季とは異なる放牧ルートをとっていたという。彼はヤギの首にGPSを取り付けて放牧ルートを詳細に記録した。また、同じく私の指導学生だった藤岡悠一郎さんによれば、このモパネにつくモパネワームというイモムシ（モパネの葉を食べるヤママユガ科の蛾の幼虫）は、住民にとっておいしい貴重な食材となっているという。彼が首都ウインドフックの中心街にあるお洒落なレストランで、メニューのなかに〝モパネワームのトマトソース和え〟を見つけ、注文してみたところ、丸々と太ったイモムシがトマトソースと和えられて、きれいなお皿に盛りつけられて出てきたらしい。ちなみに彼のおすすめは、ご飯の上にカメムシを載せた「カメムシご飯」だそうだ（両者の報告は前出の『ナミビアを知るための53章』を参照）。

西アフリカのギニアからセネガルのサバンナ―熱帯雨林地域には、**ラテライト**（**キュイラス**あるいは**フェリクリート**）とよばれる赤茶色をした**鉄皮《てつひ》殻《かく》**（**鉄盤層**）が広く分布している（写真3-6）。この鉄皮殻の地面はツルハシでないと掘ることができず、耕作にも大きな障害となっている。また地下水に溶け込んでいた物質が、地表付近の土壌や堆積物中に集積して形成された硬い風化殻をデュリクラストというが、湿潤地から乾燥地に向かって順に、鉄に富んだ**フェリクリート**（鉄皮殻）、珪酸に富んだ**シルクリート**、石灰に富んだ**カルクリート**が形成される。

ナミブ砂漠のあるナミビアや**カラハリ砂漠**のあるボツワナでは、地表付近に形成された硬いカルクリートを露天掘りして（写真3－7）、それを未舗装道路にまき、地表面を固めて簡易舗装している。まわりに赤茶色の土壌があっても、道路のところだけ白いのはそのためである。硬いために地面が削られにくく、土の道のように雨でぬかるんだり、わだちが掘れたりしないのだが、道路がスリップしやすく、日本人はよく車を横転させ大事故になる。その地域の環境を知らないと、日本のようなよい道のつもりで運転したために車をひっくり返すことが少なくない。青年海外協力隊もかつて度重なる死亡事故を受けて、協力隊員の派遣地での自動車運転を禁止することにした。ましてやオートマチック車がほとんどの日本人にとって、日本やアメリカなどのいくつかの国を除けば海外ではほとんどマニュアル車しかないので、車の運転は要注意である（ヨーロッパも大半がマニュアル車）。

アフリカの南半球には**ミオンボ林**とよばれる**亜熱帯疎林**がある（写真3－8）。ミオンボとは優占種である**ジャケツイバラ科**の**ブラキステギア属**樹木のアフリカでのよび名である。樹高は10～20ｍに達するが樹木の樹冠幅が狭く、細長い樹冠をもつため、

写真3-6　地表付近にできる赤茶色をした鉄皮殻（鉄盤層）　ラテライト（キュイラス、フェリクリート）とよばれる。硬くて耕作の障害となる（ギニア）

写真3-7　乾燥～半乾燥地域に見られる石灰に富んだカルクリート（白っぽい層）を露天掘りし、道路の簡易舗装に利用する（ボツワナ）

写真3-8　亜熱帯疎林であるミオンボ林（マラウイ）　細長い樹冠をもつため、森の中でも空が見える明るい森林

森の中に入っても空が見えて明るい。南半球で亜熱帯疎林がとくに発達している理由は、アフリカの赤道以北は急激に降水量が減っていくのに対し、赤道以南はじょじょに降水量が減っていくためであると考えられている。

ミオンボ林の中には**熱帯雨林**がパッチ状に見られるが、かつて指導学生だった藤田知弘さんのマラウイでの研究によれば、ミオンボ林の中にイチジクの木があると、熱帯雨林からシャロアエボシドリがイチジクの実を食べるためにやって来て、そのときにフンをすると熱帯雨林の樹木の種子が散布され、イチジクの木を核として熱帯雨林のパッチが拡大するという。樹木の分布にはこのように、鳥などの動物による種子散布が大きく関わっている。

なぜステップは土が黒くて、小麦などの穀倉地帯になるのか？

――ステップ

気候がサバンナからさらに乾燥すると、木は生えず、背の低い草原となり、**ステップ**とよばれる。ステップの主たる植生は**イネ科植物**である。イネ科植物は地下部の浅いところに膨大な**ヒゲ根**《ね》を発達させ、その生物量（物質量）は地上部より地下部のほうが多い。ステップは降雨量が少なく、雨が降っても地表をぬらす程度だが、地表付近の膨大なヒゲ根が地表付近の水分を吸い上げるのに適している。

草原の地上部は秋に枯れて堆積する。地下部の3分の1ほどの根は冬に枯れて、地中に大量の有機物を堆積させる。これらのリターとよばれる植物遺体は、ミミズなどの**土壌動物**の働きで翌年の春から夏に分解され**腐植**となる。ステップ地方では夏の水不足と秋から冬の寒さが、腐植をさらに分解させるカビやバクテリアの活動を停滞させ、そのまま腐植が厚く堆積する。腐植の層は1m以上の厚さになることもある。腐植は黒く、また有機物であるためカリウムやリンなどの栄養塩類に富む。そのため、ステップ地帯は土が黒い「**黒土地帯**」とよばれている。ロシアの**チェルノーゼム**や北米の**プレーリー土**などの黒土地帯はコムギやオオムギ、トウモロコシなどの世界の**穀倉地帯**になっている。

なぜ砂漠に原生のスイカが生えるのか？「カラハリ砂漠」は砂漠？——**砂漠**

ステップよりさらに乾燥すれば、植物がほとんど生えていない**砂漠**となる。砂漠というと**砂砂漠**をイメージするが、サハラ砂漠でも80％が**岩石砂漠・礫砂漠**で、砂砂漠は20％にすぎず、世界の砂漠の大半は岩石砂漠・礫砂漠である。

乾燥地では**多肉植物**が多く見られる。**サボテン**などがその典型だが、みずからの体内に水分を保持して乾燥に耐えている。ナミブ砂漠には葉が退化して茎が多肉化したトウダイグサ属の**ユーフォルビア**が生え（写真3－9）、サボテンのように見える。アフリカには**バオバブ**とよばれる巨大な太った樹木が見られるが、幹の中はスポンジのようになっていて水分を保持しているため、太っているのである。**スイカ**の原産地はカラハリ砂漠などのアフリカの乾燥地といわれているが、なぜ、あのみずみずしい果実が砂漠に生えるのであろうか？　ナミブ砂漠にもナラメロンという果実が砂丘に自然に生えていて、地元住民の主食になっているが、これらの植物は地下水に達するまで数十mも根を伸ばし、地下水から水分を吸い上げて果実に蓄えている（写真3－10）。

写真3-9　ユーフォルビア　ナミブ砂漠に見られるトウダイグサ属の多肉植物。サボテンのように水分を葉に蓄えているため多肉になっている

根が水を吸い上げる力は根の長さに関係ないため、どんなに長くても吸い上げが可能である。また、ナラメロンはトゲをもつ茎のハンモックの中で生育する。このナラという植物には葉がない。葉があるとそこから水分が蒸発するため、乾燥地では葉が小さくなって肉厚になっていく。その極限の形態がトゲである。ナラの茎やトゲには葉緑素があるため、葉がなくともそこで光合成を行う。乾燥地だからこそ、乾燥に耐えうる戦略として、地下水まで根を到達させてみずからの体内に水分を蓄えるため、

写真3-10　ウリ科のナラのブッシュとナラの実　ナミブ砂漠に生育する（ナラメロンとよばれている）

みずみずしい果実が生育するのである。このナラメロンは私の指導学生だった伊東正顕さんが2002〜2004年に、飛山翔子さんが2012〜2014年に調査した（水野編『アフリカ自然学』および水野・永原編『ナミビアを知るための53章』を参照）。

彼らの調査によれば、ナラメロンはクイセブ川沿いに住むトップナールとよばれる住民にとって重要な果実だった。10年前には果実はおもに食料として重要であり、種子も現金収入として重要ではあったが、近年は種子の販売がより重要となった。種子はピーナッツのような食料品になるのだが、最近はそのオイルが化粧品の原料になって、より商品価値が高まったのだ。

ナミブ砂漠にはいくつもの**ワジ**とよばれる**涸《か》れ川**があり、上流で大雨が降ると洪水が下流まで押し寄せて水の流れが短期間続く**季節河川**である（写真3－11）。私はナミブ砂漠のど真ん中にあるゴバベッブという場所に20回以上行っているが、季節河川

写真3-11　季節河川（涸れ川、ワジ）　普段の水が流れていないとき（左）と洪水が来たとき（右）のようす（クイセブ川の洪水は2004年1月18日（水位1.7m）から4日間継続、撮影 Andrea Schmitz）

のクイセブ川に水が流れているのを見たことがない。年によって水の流れる総日数は異なるが、ほとんどの年が0日～数十日である。しかし、2011年には観測記録上ずば抜けてもっとも多い193日を記録した。私はゴバベップで、当時所属していた研究科のフィールドスクールを行うため、2010年12月に訪れたが、そのときにはじめて雨を経験した。ゴバベップのもう少し上流にあるホメブの村まで水は流れてきた。最上流部である首都のウインドフック付近で2日前に大雨が降って流れ出た水が、丸2日間かけて250km先のホメブまでやってきたのだった。

　クイセブ川は北側の岩石砂漠と南の**砂丘**地帯である砂砂漠の境界をなしている（写真3－12）。南西からの風が砂丘の砂を北側に飛ばしてクイセブ川に侵入するが、たまの洪水がその砂を洗い流すため、砂丘は川を越えられない。季節河川に水は流れていなくても、そこの地下水位はまわりより浅いため、川沿いに森林

写真3-12　季節河川のクイセブ川がナミブ砂漠の砂砂漠である砂丘地帯と岩石砂漠・礫砂漠の境界をなしている

が茂っている。その森林にはいろいろな動植物が生息しているのだ。ナミブ砂漠の北部のホアルシブ川沿いの森林には、砂漠ゾウをはじめキリンやライオンなどさまざまな動物が生息している。

砂漠ゾウはほかの地域のアフリカゾウと比較して、牙が小さい、四肢が長い、群れのサイズが小さい、長距離を移動するなど、身体的、行動的特徴がある。かつて私の指導学生だった吉田美冬さんは、砂漠の中にぽつんとあって200人くらい住んでいるプロス村に半年間を2回、計1年間住み込んで、砂漠ゾウの調査を行った。彼女はゾウの鼻で吹き飛ばされて鎖骨を折るなどしたものの、不屈の忍耐力で調査を続けた。彼女の調査によって、河畔林の樹木のうち約8割は、ゾウによるダメージを受けていることがわかった（『ナミビアを知るための53章』参照）。ゾウは樹木の葉を食べるとき、枝ごと折ってしまったり、樹皮を剝いで食べるので、木は枯れてしまう。住民からの聞き取りによると、彼女の調査時（2003～2004年）に、ダメージはここ十数年で急激にひどくなってきたという。

しかし、プロス村は砂漠ゾウを見に来る観光客が落とすお金で成り立っている。ほかの地域ではゾウが農地を荒らすため憎しみの対象になっているのだが、この村ではそうではない。この脆弱な森林に依存するゾウと住民の関係はデリケートなもので、この先いつまで続くのかは微妙であった。このプロス村のキャンプサイトにはじめて行ったとき、各区画にそれぞれのグループがテントを張れるようになっていて、そこに炊事用の流し台や水洗トイレも設営されていた。夕方にトイレに行き、その後、夕食をみんなで談笑しながら食べていたとき、暗闇の背後に動物の気配を感じた。みんな急に息を押し殺した。しばらくしてトイレに行ったら水洗の便器がむちゃくちゃに壊されていた。ゾウが水を飲むために壊したのだ。ゾウは敏感な鼻で河床《かしょう》を探索して、水の匂いを感じると河床を掘って、水を飲む。水洗トイレは彼らにとってもっとも簡単に水が得られる場所だったのだ。

最近、テレビのクイズ番組を見ていたら、次のような場面が放映されていた。（出題者）「南アフリカ共和国からナミビア、ボツワナに広がる砂漠を何というか？」。

(回答者)「カラハリ砂漠」。(司会者)「正解!」。しかし、これは間違っている。アフリカにある砂漠はサハラ砂漠(リビア砂漠も含む)とナミブ砂漠だけである。「カラハリ砂漠」は砂漠ではなくサバンナである。ただし、「カラハリ砂漠」が文字通り砂漠だった時代があった。いまから3〜4万年前には、現在カラハリ砂漠と称している地域より広く、アンゴラ、ナミビア、ボツワナ、ザンビア、ジンバブエ、南アフリカ共和国にまたがって真のカラハリ砂漠が広がっていた。そのときの砂丘の砂は、現在それらの地域に**カラハリサンド**として分布している。そのころは現在より乾燥していて広範囲に砂丘が分布していたのだが、その後湿潤化し、それらの砂丘は植生に覆われて固定化され、現在は古砂丘となっている。この広範囲の古砂丘をつくっている大量の砂は、約2億年前に**ゴンドワナ大陸**が分裂した際に、大陸周縁部が隆起したのに対し、内陸部が相対的に低くなってカラハリ盆地ができ、周囲の高地から大量の砂が供給され堆積したものである。

タイガの樹木の見分け方は?

——タイガ

冷帯（亜寒帯）になると、一般に**タイガ**とよばれる**針葉樹林**の**純林**になる。すなわち、**モミ属**、**トウヒ属**、**マツ属**、**カラマツ属**などの針葉樹林である。シベリアでは、エニセイ川を挟んで西側はモミ属、トウヒ属の**常緑針葉樹**が中心のうっそうとした暗い森林、東側は**落葉針葉樹**のカラマツ属が中心の明るい森林となっている。北アメリカのタイガはモミ属、トウヒ属の常緑針葉樹からなる。日本でも、冷帯の北海道には、トウヒ属のエゾマツとモミ属のトドマツの純林が広がる。トウヒ属とモミ属の木は一見似たような樹形をしていて区別しにくいが、トウヒ属の葉は先がとがっているのに対し、モミ属の葉は先が二つに割れているので、葉を見ればわかる。

また、トドマツは枝が斜め上のほうに伸びているが、エゾマツは枝が斜め下に伸びているので、見分けがつく。北海道を観光バスで回ると、たいていガイドさんが、「天まで届（トド）けと枝を天のほうに伸ばしているのがトドマツ、もうええぞ（エゾ）とやる気なく枝を下方に伸ばしているのがエゾマツ」と教えてくれる。ちなみにアカエゾマツという樹種もあり、ほかの樹木が生育するには厳しい環境で育っている。

本州では**亜高山帯**にモミ属の**シラビソ**や**オオシラビソ**（**アオモリトドマツ**）、トウヒ属の**トウヒ**などの針葉樹林が分布している。シラビソとオオシラビソは混生するが、雪の多い日本海側はオオシラビソ、雪の少ない太平洋側はシラビソが優勢である。局地的に雪の多い斜面には、幹や枝に柔軟性があって雪圧に強い**落葉広葉樹**の**ダケカン**

写真3-13　好雪性のダケカンバと嫌雪性のハイマツ　地形的に雪が遅くまで残るところにはダケカンバ、早く消えるところにはハイマツが生育する

バが生育している。一般に、ダケカンバは**好雪性**、**ハイマツ**は**嫌雪性**の代表樹種として知られている。したがって、雪解けの遅い場所にはダケカンバ、早い場所にはハイマツが生えている（写真3－13）。

本州では、山小屋のまわりには落葉針葉樹で秋に黄色く紅葉する**カラマツ**が植えられている。カラマツは根つきがよく成長が早いため、防風林として山小屋周辺に植林しているのである。ハイマツは雪解けが早い場所に地面を這うように生育するマツ属の低木であるが、チョウセンゴヨウなどと同じ五《ご》葉松《ようまつ》である。海岸の堤防沿いに防風林として見られる**クロマツ**や京都近郊などに多く見られる**アカマツ**は、２枚の針葉が束生する（2本針葉が1セット）のに対し、ハイマツは5枚の葉が束生する。アカマツやクロマツは種子に翼がついて風で**種子を散布**させるのに対し、ハイマツは種子に翼がついていないので、風で散布させることができず、もっぱら**ホシガラス**が越冬の貯食のために、ハイマツの種子を地面に埋め、春までに食べ残された種子が発芽するというのを利用した**動物散布**である。

タイガ（**針葉樹林帯**）地域には**ポドゾル**とよばれる灰白色の土壌が見られる。針葉樹の落葉が地表に堆積しても寒さのため分解が進まず、厚い腐植層をつくる。この**腐植**が強酸性のフルボ酸を生成し、この酸が鉄やアルミニウムを溶脱させて**漂白層**ができ、その下に鉄やアルミニウム、腐植が集積した錆色の**集積層**ができる。これを**ポドゾル化作用**という。ポドゾルは強酸性を示し、養分が極度に欠乏しているため、肥沃度はきわめて低く、農業には不向きである。私は大学院に進んで北海道に住むことになり、そのとき初めてポドゾルを見た。高校地理で習った通りに、ちゃんと漂白層と集積層ができているのを見て、「あっ、ポドゾルができている！」と感激したのを覚えている。なんともわかりやすい土壌である。

一次林と二次林の違いは何か？

――温帯の森林

温帯には、**冷温帯**の**落葉広葉樹**主体の**夏緑《かりょく》樹林**と、**暖温帯**の**常緑広葉樹**主体の**照葉《しょうよう》樹林**がある。日本の夏緑樹林の代表的な樹種はブナである。ブナは東北地帯～本州中部の山地に見られ、秋に黄色く彩られた美しい紅葉を奏でる。世界遺産の白神山地のブナ林が有名である。日本のブナの北限は北海道のクロマツ内低地帯だ。ブナの種子は多くの哺乳類の餌として重要で、豊作年と不作年があり、不作年はツキノワグマの里への出没率が高いといわれている。**ミズナラ**や**コナラ**も冷温帯の落葉広葉樹の主要樹種である。

一方、**照葉樹林帯**は、本州中部以南の地域で、**シイ**や**カシ**、**ツバキ**などの常緑広葉樹からなる。冬の寒さや乾燥に耐えるために、**クチクラ層**というロウを主成分とする透明な膜が葉の表面に発達し、それが照って見えるために照葉樹とよばれる。クチクラ層は高山植物のミネズオウやコケモモなどの常緑矮性《わいせい》低木にも発達している。京都周辺は本来このシイ、カシが自然の状態で生える**自然林**（**一次林**、**極相林《きょくそうりん》**）であるが、平安時代以降、寺社の造営でそれらが伐採され、その裸地に光が地面まで到達して、光を好む陽樹の**アカマツ**や**コナラ**の**二次林**が増えてきたのである。二次林がそのまま長い時代を経れば、また森の地面に光が到達せず、暗い場所を好む陰樹のシイやカシの稚樹が生育し、照葉樹林の自然林に戻る。

近年は京都周辺では外来のマツノザイセンチュウが日本にいたマツノマダラカミキリといっしょになってマツ材線虫病を広げ、アカマツがどんどん枯れていっている。同じく、カシノナガキクイムシ（カシナガ）が媒介するナラ菌によって、コナラが速い速度で枯れていき、京都周辺の森は悲惨な状態になっている。かつて日本の里山ではコナラが炭などに利用されていたが、近年は利用されないコナラの倒木がカシノナガキクイムシの住処となって増えていった。

ケープタウン周辺で植物種数が多いわけ　――**地中海性気候の植生**

世界の緯度30～45度の大陸西岸、すなわち、ヨーロッパのスペイン、ポルトガル、フランス、イタリア、ギリシアなどの地中海沿岸や、南アフリカのケープタウン周辺、アメリカのカリフォルニア、オーストラリアのパース周辺、南米のチリなどは、夏に乾燥し、冬に雨が降る**地中海性気候**となっている。ここでは、夏に乾燥するため、葉が小さくて硬い**硬葉樹**《こうようじゅ》とよばれる**オリーブ**や**コルクガシ**が生育している。ブドウ栽培も地中海性気候が適するため、世界の主要ワイン産地はこれらの地域になっている。ワインを瓶詰めする際にコルクが利用されたのも、同じくコルクガシがこの気候地域で生育するためである。

私は長らくナミビアで調査しているが、ナミビアには安くておいしい南アフリカ産のワインがいっぱい入ってきて、レストランでもワインを手軽に楽しめる。南アフリカ・ボツワナ・レソト・ナミビア・スワジランド（現・エスワティニ）のあいだには南部アフリカ関税同盟（Southern African Customs Union）があって、域内国産品の無税通過、商品の自由流通が行われているので、安いワインがたくさん南アフリカからナミビアに入ってくる。日本の酒屋ではフランスやイタリア、スペイン、カリフォルニア、オーストラリア産のワインがよく並んでいるが、最近増えてきたのがチリ産のワインだ。チリ産のワインは安くておいしいと定評がある。

南アフリカ共和国の喜望峰（ケープ）周辺の狭い範囲に、世界最小の**ケープ植物区系界**がある。植物区系とは、世界各地の**植物相**（**フロラ**）を形成する植物種を比較し、それぞれの特徴をもったいくつかの地域に分類したものをいい、世界は6つの植物区系界に分けられる（図3−2）。その一つがほかと比べてきわめて狭いケープ植物

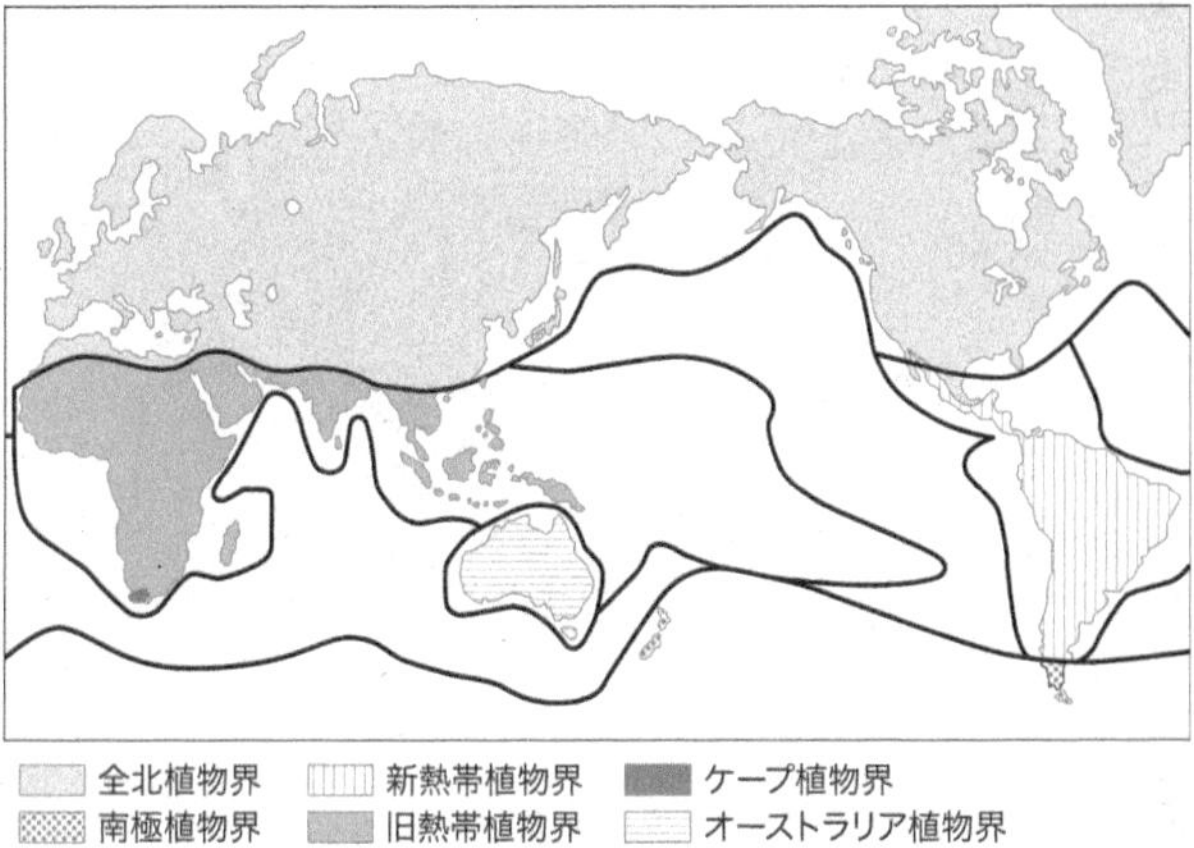

図3-2　世界の植物区系　植物区系：世界各地のフロラを形成する植物種を比較し、それぞれの特徴をもったいくつかの地域に分類したもの

（区系）界である。アフリカ大陸の大半が属する全北植物（区系）界や旧熱帯植物界の広がりと比べるときわめて狭く、このことからもケープ植物（区系）界の特異性がうかがえる。ケープ植物（区系）界には合計8550種の維《い》管束《かんそく》植物（コケ類、藻類を除く植物）が分布し、そのうち73%、6252種がここにしかない**固有種**である。100km²あたりの種数が日本列島で1・04なのに対し、ケープ植物（区系）界では11・08で、他地域に比べてとびぬけて高い値だ。

私はこの特異なケープ植物（区系）界を見るために、ケープタウンから喜望峰へのツアーに参加した。

写真3-14　ナミブ砂漠の固有種であるウェルウイッチア（和名「奇想天外」）系統が不明確な裸子植物であり、1000年以上生き延びることができるといわれている

途中でアフリカペンギン（ケープペンギン）の群れを観察した。ベンゲラ海流という寒流の影響で、喜望峰近くにはたくさんのペンギンが生息している。そして、車から自転車に乗り換え、ケープ植物（区系）界のさまざまな種の植物が海岸一帯に開花しているなかを自転車で走るのだ。これはなんともすばらしい経験だった。

それでは、なぜ、ケープタウン周辺には特異な植物区系界ができたのだろうか。沖津進氏の説明（水野編『アフリカ自然学』を参照）によれば、地中海性気候の冬雨が関係しているという。

夏季にはほとんど降水はないが霧が発生し、著しい乾燥を防ぐ。冬季の降水は規則的で年変動がきわめて少なく、植物にとって予想しやすい。このような気候環境のもとでは、多年生植物の規則的な種子生産、発芽、定着が可能になる。一般に乾燥地域では厳しい気候環境のために発芽、定着が困難で、多年生植物は長寿命にならざるを得ないが、ケープ植物（区系）界では比較的短い寿命で世代交代が可能になる。この結果、急速に種分化が進み、微環境の違いに応じて多くの種が棲み分けることになったという。そういえば、ナミブ砂漠の固有種**ウェルウイッチア**は、寿命が１０００年を超える多年生草本だった（写真３－14）。

この地中海性気候のところには**テラロッサ**とよばれる**間帯土壌**《かんたい》がある。世界の土壌の多くは、気候や植生に関係して、気候帯と分布が一致する**成帯土壌**《せいたい》だが、気候帯に関係なく地形・地下水・岩石などの特性に支配されて局地的に分布する土壌を間帯土壌とよぶ。地中海沿岸には石灰岩が広く分布しているが（そのため地中海沿岸は石灰岩を建材にした白い岩壁の家が多い）、その石灰岩が風化して石灰に含まれる炭酸カルシウムが溶け出し、後に残った鉄分などが酸化したために赤紫色をした土壌がテラロッサである。あまり肥沃でないために果樹栽培に用いられている。

間帯土壌は、テラロッサ以外に次のようなものがある。ブラジル高原南東部に分布する**テラローシャ**は玄武岩や輝緑岩が母岩であり、肥沃でコーヒー栽培に適している。**レグール土**は玄武岩が母岩でデカン高原に分布し、肥沃な黒色土で綿花栽培に適している。**レス**は風で再堆積した灰色あるいは淡黄色のシルト質の細かい土壌である。北米やヨーロッパに分布するレスは氷河性堆積物が起源であり、黄河流域に分布するレスは黄土とよばれ、西方の砂漠が供給源と考えられている。

森林を伐採するとなぜ洪水がおきるのか？

——森林の役割

森林の存在は人間にとって重要である。都心でも木々が覆う公園や寺社の境内の鎮守の森に入ると涼しい。日光が遮られるだけではなく、樹木の葉から水分が蒸発するときに熱が消費されるので、気温が下がるのだ。都心はエアコンの排熱などで気温が上がり**ヒートアイランド**を形成するが、そのヒートアイランドの都心の中で、公園や寺社の森は樹木によって熱が消費されて気温が下がる**クールアイランド**をつくっている。

また、森林を伐採すると**洪水**がおきるといわれている。なぜだろうか？　森林の土を掘るとミミズが出てくることがある。この樹木の根やミミズなどは、土の粒を固めて、団粒《だんりゅう》をつくる作用があり、その**土壌構造**を**団粒構造**という（図3－3）。団粒構造の発達した土壌は、団粒と団粒の隙間に水を保持することができるため、大雨が降っても、水は地面にしみ込み、土の中に保持される。しかし、森林を伐採して裸地にすると、太陽の強い日射で地面は固められ、団粒構造が破壊されるため、大雨時に水は地面にしみ込まずに地表を流れ、一気に川に流れ込んでいく。そのため、洪水が発

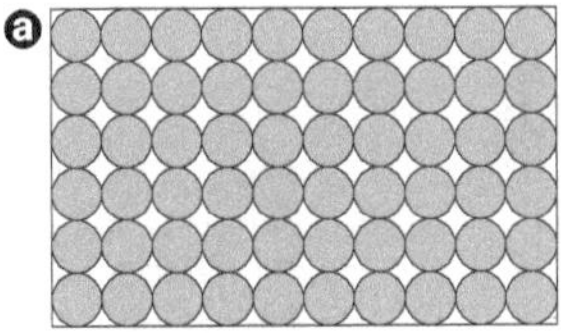

正列（孔隙47.64%）

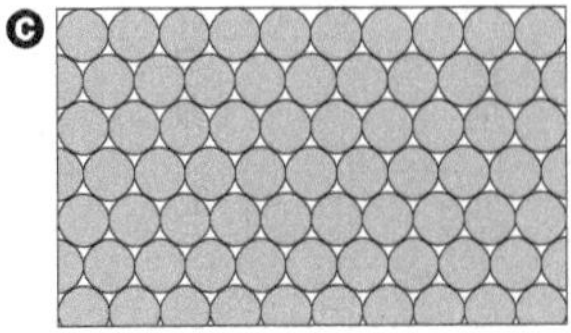

斜列（孔隙25.95%）

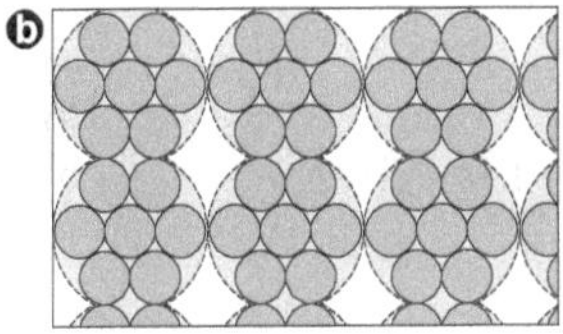

団粒構造（孔隙61.23%）

図3-3　土壌の粒子配列の模式図（船引 1972、高井・三好 1977）
団粒構造は隙間が大きいため、多くの水分を保持することができる

生しやすいのである。このように森林には保水能力がある。また、団粒構造の発達した土は団粒の隙間に空気もあり、根が呼吸するのに適しているため、植物や農作物が育ちやすい。

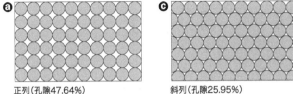

3-2 山の植生

「お花畑」はなぜ突然あらわれるのか？
——高山の「お花畑」の分布と成立環境

高山帯には「**お花畑**」が鮮やかな色の花を咲かせ、山を登るのにつらい思いをしている登山者の気分を和ませてくれる。私のそもそもの研究の原点は、「なぜ、そこに『お花畑』があるのか？」という疑問を解き明かすことからはじまっている。「お花畑」は延々と続くのではない。山を登っていると、ときどき急にあらわれるのだ。**森林限界**以下の場合は、薄暗い森林帯が急に途切れて太陽の光が地面まで到達する明るい「お花畑」があらわれる。森林限界以上の場合、岩塊斜面や岩礫斜面が続く中で、突如、黄色や白の高山植物が咲き乱れる「お花畑」が広がる。

私は卒業論文で南アルプスの「お花畑」の成立環境について調べた。三伏《さんぷく》峠や北荒川岳横、聖平《ひじりだいら》などの森林限界以下の場所に「お花畑」が成立している。調べてみると共通点があった。谷の源頭部で稜線の最低鞍部《あんぶ》の風下側に位置している。風上側の谷

写真3-15　南アルプスの三伏峠の「お花畑」　森林限界以下でありながら、稜線の鞍部という地形のために風が吹き抜けて、森林が侵入しにくい環境となっている

沿いに吹き上がってきた風が、稜線の最低鞍部を通って、風下側斜面に吹き抜ける場所であった（写真3－15）。つまり、氷河期以降、森林限界が上昇してきたものの、風が吹き抜ける場所であったため、その場所だけ局所的に森林に覆われず、「お花畑」が成立していると考えられた（写真3－16）。

その「お花畑」を、30年経った2011～12年に調査したところ驚かされた。「お花畑」が柵で囲まれていたのだった（写真3－17）。近年、**亜高山帯**上部までシカが登ってきて、「お花畑」の植物を食い荒らすため、その保護のために柵で囲まれているのだ。保護されていない柵の周辺はシカが食べないミヤマバイケイソウばかりが目立

写真3-16（左）　1981～82年ごろの南アルプス三伏峠の「お花畑」
写真3-17（右）　2011年の三伏峠の「お花畑」　近年のシカによる食害から守るため、「お花畑」は柵で囲まれている。柵の外はシカが食べないミヤマバイケイソウが目立つ

った。同様に、北荒川岳横の「お花畑」には、30年前はホテイアツモリソウが見られたが、やはり最近はシカの食べないマルバダケブキの草原に変化していた。

ほかにも、上河内岳南部や光岳東の線状凹地は、やはり風がその凹地を吹き抜け、また凹地の部分に雨水や融雪水が流入することが森林を後退させて、「お花畑」が成立していると考えられる。要するに森林を排除するものがあって、太陽の光が地面まで到達し、高山植物の発芽、成長する時期に、融雪水の適度な涵養があれば、高山植物

が成立する環境がもたらされる。

標高が低いのに「お花畑」が成立している山に注目してみよう。わずか１３７７ｍの伊吹山には、イブキジャコウソウやイブキトラノオなど、最初に伊吹山で命名された高山植物がいくつもある。伊吹山が森林を排除する要因に多雪が挙げられる。日本海の若狭湾から関ヶ原付近を吹き抜けてきた、冬の北西季節風が伊吹山にどか雪をもたらすのだ。また石灰岩という地質条件も植生に影響を与えている。岩手県の早池峰山（１９１７ｍ）や北海道のアポイ岳（８１０・５ｍ）は、超塩基性岩の**蛇紋岩**《じゃもんがん》や**カンラン岩**でできているため、植物の成長を妨げるマグネシウムイオンに富み、また土壌が発達しにくく、蛇紋岩植物とよばれる、蛇紋岩地帯特有の植物が分布する。早池峰山には**固有種**のハヤチネウスユキソウが咲いている。アポイ岳は海岸に近く、夏期に発生する霧で日射が遮られ、気温が低いことも関わっている。

修士論文では大雪山で調査したが、大雪山の「お花畑」の規模に驚かされた。地平線まで高山植物が広がっていて（写真３－18）、それを見て、「なぜ、大雪山の『お花畑』は日本一の規模なのか？」を解き明かそうと考えた。調査の結果、ハクサンイチゲやミヤマキンポウゲなどの「お花畑」を主として構成する植物種が、消雪時期や水分条件が中庸な場所に生育し、そのような環境が大雪山には連続して広範囲に分布しているのが原因であることを突き止めた。それは、大雪山が平らな地形の広がる**溶岩**

写真3-18　大雪山の黄金ヶ原のハクサンイチゲやミヤマキンポウゲからなる「お花畑」

台地からなっていることが主要因だと考えた。日本アルプスは山頂と山頂のあいだに深い谷があって、山頂付近に平らな地形が広く広がる場所はあまりない。一方、大雪山はなだらかで平坦な地形が連なり、その広大な平坦地に大規模な「お花畑」が成立している。

一方、高山帯の場合、カールのようなすり鉢状地形では冬は雪に保護され、初夏に融雪水の涵養によって、「お花畑」が成立する。ただし、南アルプスであれば、積雪量が少ないため、カール内は「お花畑」が成立するのに適度な雪解け時期となるが、北アルプスは積雪量が多いので、カール底は高山植物が生育するには消雪時期が遅すぎて、むしろカール内の土石流扇状地など、カール底より消雪時期が早い場所に「お花畑」は成立している（51頁、写真1－5）。

高山植物には色鮮やかな花をもつものが多い。それはなぜだろうか？　高山は非常に**紫外線**が強い。登山者は太陽の日射、とくに紫外線で皮膚が黒く焼ける。そのため、皮膚を焼きたくない人は日焼け止め薬を塗らなくてはならない。紫外線が当たると皮膚に**メラニン色素**が生成され、そのため皮膚が色黒になるのだが、この生成されたメラニン色素が有害な紫外線を吸収して肌を保護してくれるのである。皮膚にメラニン色素の多い黒人の人は、メラニン色素が紫外線を吸収し真皮への侵入を防ぐ役割をしているため、強い紫外線に対し抵抗力があるが、メラニン色素の少ない白人の人は肌に日焼け止めを塗らないと皮膚がただれてひどい状態になる。ケニア山やアンデスなどの熱帯高山になると、標高も高いせいもあって、日焼け止めを塗らないと顔はただれて腫れ、唇は皮がめくれて食事にも支障が出てくる。

同じように植物も強い紫外線から身を守る必要がある。高山植物の植物体には、フラボノイド系の色素が多く含まれる。この色素は細胞内で紫外線を吸収して、ほかの器官に害が及ばないようにする作用があって、紫外線から植物体を守っている。高山植物の花が黄色や赤、青、紫など色鮮やかなのは、この色素が多いことと関係している。この色鮮やかさが、多量の花蜜や強い香りとともに、ハチや蝶などをひきつけ、短い活動期間中に効率よく受粉を成功させる役割も果たしている。

温暖化で植物が山を登っている?

——熱帯高山の氷河縮小と植生遷移

私は卒業論文を南アルプス、修士論文は大雪山で調査し、博士論文は北アルプスや中央アルプスも含めて、日本の高山植生の立地環境というテーマで書いた。書き終えて博士号をもらったら、もう日本の山ではやりつくした感が出てきて、海外で調査したくなった。そこで、日本ともっとも気候環境の異なる熱帯高山に目を向けたのである。その熱帯高山では、現在、**地球温暖化**とともに氷河がどんどん縮小し、山頂に向かって後退し、その氷河の後退とともに、**高山植物**たちは山を登っている。その氷河もあちこちで消えつつある。

私は1992年より、ケニア山で第二の規模の氷河であるティンダル氷河の後退と植物分布の変化を追跡しはじめた。ほかの研究者の1958年と1984年のデータとあわせると、1958年から1997年までは**氷河**の後退する速度は約3m/年であったが、1997年から2011年は7〜15m/年と速くなった。氷河が溶けた場所に早くから生育できる先駆的植物種は、氷河の後退速度とほぼ同じような速度で、植物分布の上限を上昇させていた。とくに第一の先駆種であるキク科のキオン属のセ

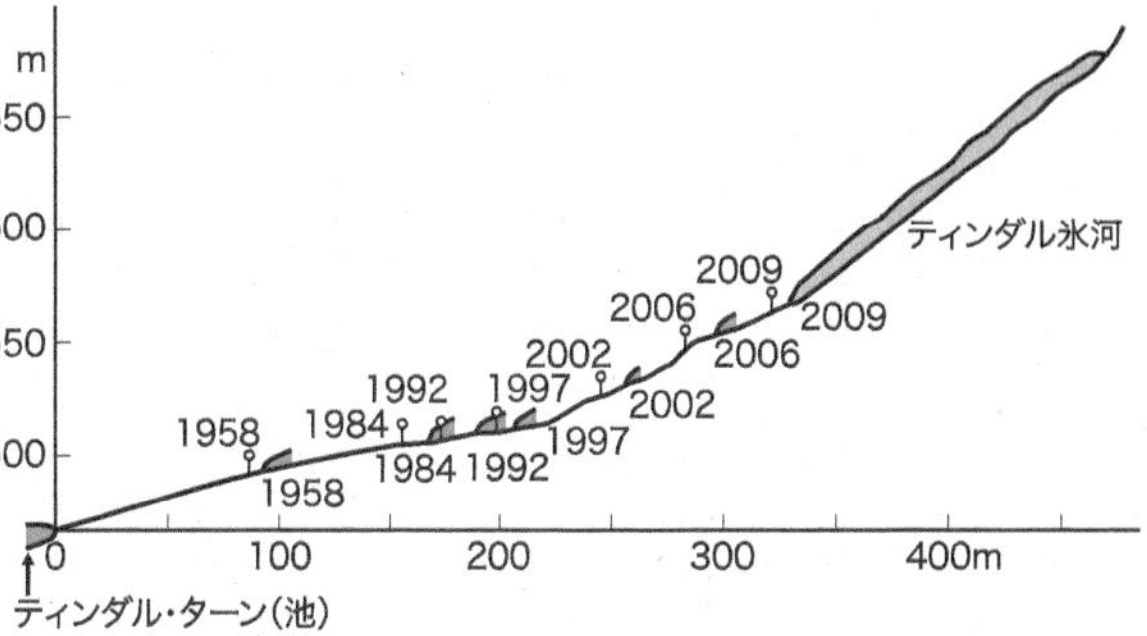

図3-4　ケニア山第二の氷河、ティンダル氷河の後退と植物の遷移（Mizuno and Fujita 2014）　1958年から2009年までの氷河の末端の位置と第一の先駆種セネキオ・ケニオフィトウムの最前線の位置（植物の分布範囲のうち氷河末端に一番近い個体の位置）
(1958年のデータは Coe 1967より、1984年のデータは Spence 1989より引用)

ネキオ・ケニオフィトウムは黄色い花をつける高山植物であるが、氷河の後退速度とほぼ同じ速度で分布を斜面上方に前進させていた（図3－4）。温暖化で氷河が溶け、植物は山を登っているのである。

図3－5は、セネキオ・ケニオフィトウム以外の植物も含めて、氷河の後退と植物の遷移を示した図である。この図は2011年までのデータを含んでいるが、2002年までのデータの図が、オックスフォード大学出版発行の生態学の教科書シリーズの1冊、*The Biology of Alpine Habitats* に掲載されているのを見てびっくりした。私が国際学術雑誌に2005年に載せた論文からの引用であるが、その教科書によれば、氷河の後退と植物の

遷移の研究は、そのほとんどが、年代のわかっている何列ものモレーンに分布する植物を調べて、氷河の後退にともなう植物遷移を明らかにするというものだが、そのなかでケニア山の研究は、リアルタイムで氷河の後退と植物遷移を明らかにしているという点で、世界でもほとんど見られない研究とされていた。このケニア山の研究の2014年の論文（Mizuno and Fujita, 2014）は *Journal of Vegetation Science* に掲載されている。

年代のわかっているモレーンを使えば、1回の調査で氷河の後退と植物遷移の関係がわかる。たとえば、私は現在、科研費の研究プロジェクトとして、ボリビアのアンデス山系のチャルキニ山（5392m）で、氷河の後退と植生遷移の調査を行っている。ケニア山でやっているような研究をアフリカ以外の熱帯高山でもしたいと思いつき、1993年に一度だけ調査したボリビア・アンデスにて調査しようと考えて科研費に応募した。運良く採択されたので、2012年から約10名の研究者とともにはじめたのであった。西氷河の斜面下には約10個のモレーンがあって、それぞれのモレーンの形成年代がフランスの研究者によって明らかにされている。一番古い時

図3-5（左頁）　ケニア山ティンダル氷河の後退と高山植物の遷移（Mizuno and Fujita 2014）
横軸：ティンダル氷河末端から各植物種の生育前線までの距離（m）
縦軸：年代（縦軸の長さは年数を示す）
矢印：ティンダル氷河末端および各植物種の生育前線の位置の移動（矢印の傾きは移動速度を示す）

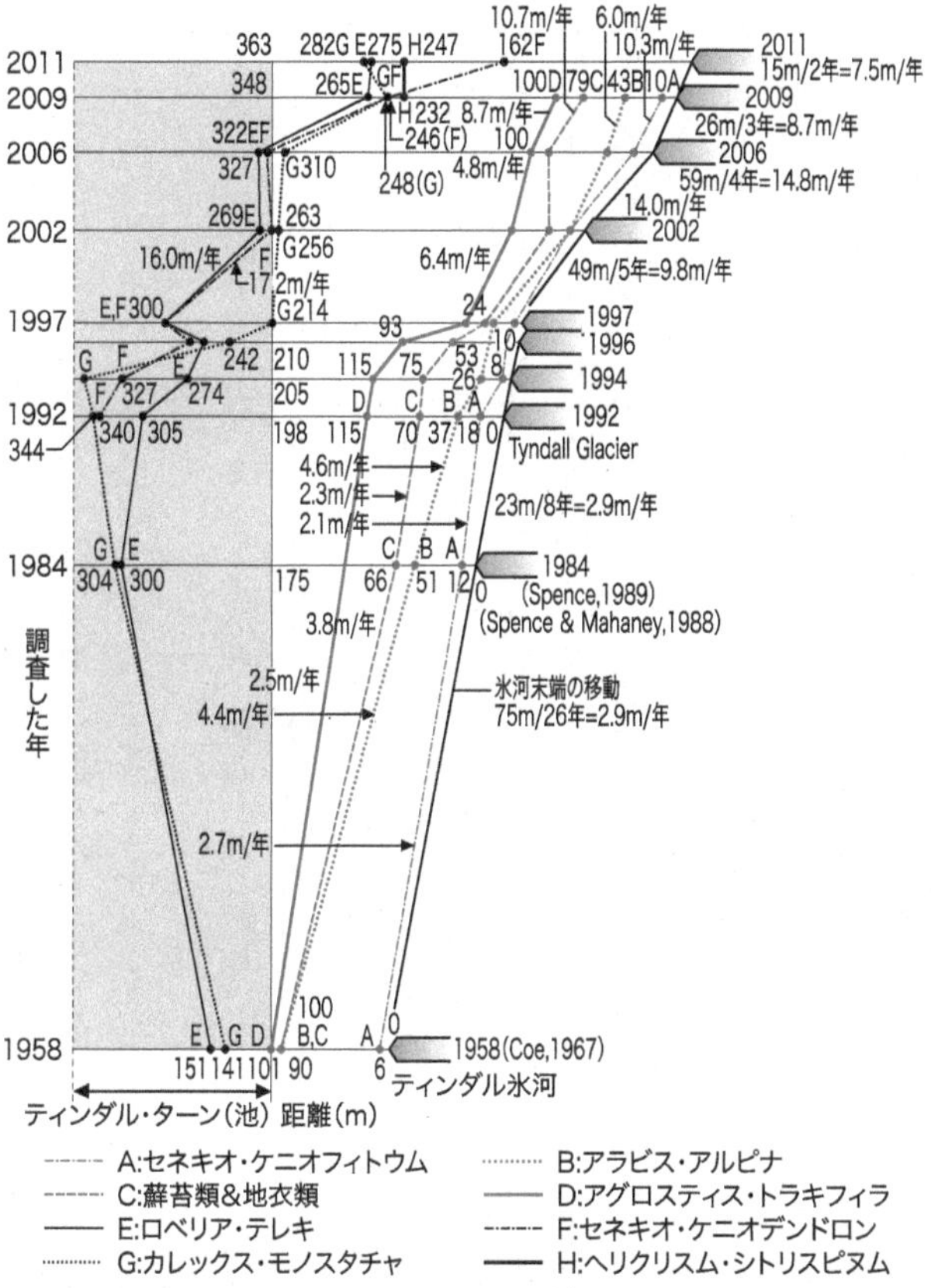

10.7m/年
6.0m/年
10.3m/年
363
282G E275 H247
162F
2011
15m/2年=7.5m/年
348
265E
GF
100D 79C 43B 10A
2009
H232 8.7m/年
246(F)
100
26m/3年=8.7m/年
322EF
2006
327
G310
248(G)
4.8m/年
59m/4年=14.8m/年
269E
263
14.0m/年
2002
G256
16.0m/年
17.2m/年
6.4m/年
49m/5年=9.8m/年
E,F300
G214
24
1997
93
10
1996
242
210
115
75
53
8
26
1994
G F E
F 327
274
205
D C B A
1992
340 305
198 115 70 37 18 0
344
Tyndall Glacier
4.6m/年
2.3m/年
2.1m/年
23m/8年=2.9m/年
G E
C B A
1984
304 300
175 66 51 12 0
(Spence,1989)
(Spence & Mahaney,1988)
3.8m/年
調査した年
2.5m/年
氷河末端の移動
75m/26年=2.9m/年
4.4m/年
2.7m/年
100
0
E G D B,C A
1958
151 141 101 90 6
1958(Coe,1967)
ティンダル氷河
ティンダル・ターン(池) 距離(m)
A:セネキオ・ケニオフィトウム
B:アラビス・アルピナ
C:蘚苔類&地衣類
D:アグロスティス・トラキフィラ
E:ロベリア・テレキ
F:セネキオ・ケニオデンドロン
G:カレックス・モノスタチャ
H:ヘリクリスム・シトリスピヌム

代に氷河が前進したとき、氷河によって地面が削られ、その前面に運ばれた堆積物の小山がもっとも古いモレーンで、その後氷河は後退し、また少し前進すればそこにまたモレーンができ、そのように後退しながら、ときどき前進したときにモレーンを残していく。

このように、斜面下方の古いモレーンから、斜面上方の新しいモレーンまで何列もモレーンがあって、それぞれの上の植物を調査すれば、氷河が消失して300年経てば植生はどうなり、200年経てばどう変化し……と、植生の遷移が明らかになっていく。つまり1回の調査でも氷河の後退と植生の遷移を解明できる。しかし、私のケニア山の研究は、1992年、1994年、1996年、1997年、2002年、2006年、2009年、2011年に調査し、これまでの20年間の氷河の後退と植物分布の変化をその年ごとに実際に調べ、リアルタイムで明らかにしていったものだった。その教科書を見て、あらためて自分の研究の貴重さを感じたのである。やっているこはきわめて単純なのだが、長く続けると、その単純なことも価値が出てくる。

氷河の斜面下は標高約4500mもあるので、最近はそこでの調査が年齢的にきつくなってきた。調査をはじめたときは30代前半であったが、いまや50代。あと何年調査できることか。そもそもケニア山やキリマンジャロの氷河は10～20年後にはなくなるといわれている（191頁、図2-17）。氷河がすっかり消えたときが私のこの研究の終焉となる。　調査をはじめたときの苦労は、拙著『ひとりぼっちの海外調査』にくわしい。

国際学術雑誌に論文を載せると、それを読んだ研究者から時折メールをもらうことがある。多くは研究に燃えている若手研究者や大学院生、とくに博士論文執筆中の院生で、それらのメールはたいてい、「あなたの○○の雑誌の論文を読んだが、自分にとって興味深く、もし、あなたが関連研究の論文をほかの雑誌にも載せていたら、その論文のコピーを欲しい」というものである。そして、私が関連する論文のPDFや掲載サイトのアドレスを送ってあげると、「機会があったら、私の調査地にも一度足を運んでほしい。あなたといっしょに調査ができたらうれしい」というような、どこまでお世辞か本気かわからないような返事がくることが少なくない。その調査地を聞いて、「ああ、なるほどね」と、氷河があることが予想されるヒマラヤ山系、ヨーロッパ・アルプス、アンデス山系であるのが普通なのだが、たまに、「えっ！　氷河があるの？」というような国からお誘いを受けてびっくりすることがある。

私があるときもらったメールは博士論文執筆中のイランの大学院生からだった。メールをもらったとき、とっさに「えっ!?　あんな乾燥した国のイランに氷河ってあるの!?」と思った。すぐに地図帳を開いてみて、私の不勉強を恥じた。たしかに、地図帳にはカスピ海沿岸にエルブールルズ山脈があって、その最高峰のダマヴァンド山は5

671mもある。その院生は、最初「私はAlam-Kūh山の氷河周辺で調査している」とメールで述べ、調査方法についていろいろ質問をしてきた。ネットでAlam山を検索してみると、その山はイランで2番目に高い4850mの山であることがわかった。写真にはたしかに氷河が写っている。また、エルブールズ（Elburz）山脈は、本来のAlborz山脈がヨーロッパ経由で訛ったものであることもわかった。返事をすると、今度は、「ほかの雑誌に関連論文を書いていたら送ってほしい」という内容のメールが来て、送ってあげると、さらに「あなたをイランに招待したい。現地での滞在費は私が支払うので、イランまで来てほしい」とメールで誘ってくれた。イランというのは、おもしろそうだが、そもそも行けるのだろうか？　おそらく社交辞令でいってくれたのだろうし……と思いながら、「いつか機会があったら訪問します」と返事をした。

世界にはいろんな場所、思わぬ場所に氷河がある。地図帳をめくりながら、「ここにも氷河があるのかな？」と想像するのは楽しい。そんな世界の山々の氷河がどんどん消えようとしている。アフリカには氷河を有する高山は三つしかない。キリマンジャロ、ケニア山、ルウェンゾリ山地だけだ。その三つの山から氷河が消えるのは10〜20年後だといわれている。アフリカでは、日本と同様に、高い山には神が宿るとして信仰の対象になっている。キリマンジャロやケニア山の麓の村から見ると氷河が太陽の光を反射させて輝いている。その神が宿る高山が輝かなくなるのはもうすぐだ。地球温暖化はさまざまな形で我々に影響を及ぼしている。

あとがき

地理は自然地理学と人文地理学からなっている。自然地理は自然の営みを、人文地理は人の営みを理解するための学問分野であるが、両者は相互に密接に関係しあっている。したがって、その両者の関係を紐解いていくと、自然と人の営みの諸相に新たな発見をしたり、新鮮なおもしろさや感動が得られたりする。そのために、まずは自然地理と人文地理のそれぞれをよく理解する必要がある。本書は当初、地理全般を扱う内容にする予定であったが、読者のみなさんによりよく理解していただくため、図表や写真を駆使して丁寧に説明することを心がけているうちに分量が多くなってしまった。それで1冊で解説することをあきらめ、まずは、自然地理の概説書を出版し、それに続いて人文地理版を出版することにした（『人間の営みがわかる地理学入門』、ベレ出版）。もし、本書がおもしろいと感じられた方はぜひ続編も読んでいただきたい。

本書を読んでいただければ、自然は世界や日本の歴史とも大きく関係していることがわかる。物理学や化学、生物学や地学が相互関係で成り立っているように、地理学も日本史や世界史と相互関係にあるのだ。しかし、高校の社会科では大きな混乱があり、学問の差別化が行われてしまった。それが高校教育での世界史必修である。元東大総長で参議院議員になった西洋史学者が中心になって、その政治力で後押しして世界史だけを社会科の中で必修科目にしてしまった。世界史必修に、全国の膨大な高校の先生や生徒がこれ以降一斉に振り回されることとなった。２００６年には世界史必修漏れが問題となり、全国の高校の約１割の５５０校で必修漏れが見つかり、該当者の生徒数は８万人以上だった。生徒たちには補習が押しつけられ、ノルマを強制的に消化したのだ。これで、どれほどの生徒たちが喜んで興味をもって世界史を学習できるといえるのだろうか。この未履修問題がおきたとき、マスコミや文科省などは、「学習指導要領を守らない高校、教師、校長」と公然と批判し、結果、茨城県と愛媛県の県立高校の校長が自殺するまでに至った。

ある西洋史学者が「最近はベトナム戦争も知らない若い世代がいるので、世界史は必修でなければならない」と述べているが、そのベトナムが世界のどこにあって、どんな気候で、どんな人たちが住んでいるのかを知らなくてもいいのだろうか。どこのどういう人たちだということがわかって初めて歴史の理解は深まる。人は、それぞれに興味が異なる。世界史に興味がある者もいれば、日本史に興味のある者もいる。地理に興味があって、将来世界中を歩き回りたいという若者もいる。好きな学問から学び始め、それからさらに深く理解するために関連学問を学ぼうとするのがあるべき姿だと思う。社会科や理科のどれかを必修にして強制的に学ばせるという姿勢は、けっして若者の学問に対する興味を増加させることにはならない。人それぞれ、好きな学問をするのが、いろんな点で多様な人材を生みだし、結果的に日本という国、さらには世界に貢献することになっていくと思う。

本書で、地理好きの人には、ますます地理を学んでもらい、地理に興味のない人には地理に関心をもってもらえればと願っている。本書を読んで地理に興味をもったら、ぜひ、自分の足で歩いて、実際に自分の目で確かめ、さらにまわりを見渡して、何かを見つけていただきたい。新たな発見に心躍ることがあるかもしれない。そのワクワク感は人が生きていく上でとても大事なことだと感じている。本書作成において、私の指導大学院生である片桐昂史さんと芝田篤紀さんにご協力いただいた。本書は、ベレ出版の森岳人さんのご尽力なくして出版されることはなかった。ここに厚くお礼申し上げる。

2015年3月

水野一晴

文庫版あとがき

本書は2015年に刊行された『自然のしくみがわかる地理学入門』（ベレ出版）が親本である。親本は幸いなことにたくさんの方々に読んでいただき、出版社あるいは直接私にたくさんのご意見をいただいた。その貴重なご意見を基に、刷り直すごとに（現在8刷）、修正を加えていった。読者のみなさんとともに進化していった本と言える。とてもありがたいことである。

今回、角川ソフィア文庫から刊行されるにあたって、いくつかの加筆・修正を行った。「沖積平野と洪積台地」のところで、東京と名古屋の例を取り上げて説明をしていたが、本書ではあらたに大阪の例も取り上げた。また、1－5「世界の地質・地形と鉱産資源」において、各種鉱産資源の生産順位を最新のものに書き換えた。一般の方々や高校生のみなさんにとって、より読みやすいものにするために、漢字に読み仮名をたくさん付けた。

親本では写真は114枚と多用していたが、文庫版になって判が小さくなり、また、文庫版の読み物としての性格上、説明のために欠かせない写真や重要な写真55枚に絞りこみ、コンパクトさを保った。一方、図は、大阪の地形の図を含めたため、1枚増えた。

親本では、「あとがき」のところで、高校での地歴における世界史のみの必修化に対する批判めいたことを書いたが、社会からの大きな声を受けて、ついに2022年度から日本史や地理も必修になる。高校で地理を学ぶ生徒の数が増えて、本書の役割も大きくなるのではないだろうか。親本は、私が京都大学の全学共通科目（一般教養）で行っている講義を基にしているが、出版されて以降、受講生たちから、「講義の話は高校で聞いた」とか、「予備校で聞いた」と言われることがすごく多くなり、高校や予備校の先生たちにいかに多く読まれているのかを実感している。文庫化されて、さらに多くの方々に手軽に読んでいただけるのではないかと期待している。

ぜひ本書を片手に現地を訪れて、実際の光景と本の中の図表を見比べながら、自然のしくみや地理のおもしろさを実感・体験していただきたいと願っている。文庫化するにあたり、KADOKAWA学芸ノンフィクション編集部の中村洸太氏および校閲の方々のご尽力を得た。お礼申し上げる。

2021年4月

水野一晴

参考文献

1　地形

五百澤智也（2007）：『山と氷河の図譜―五百澤智也山岳図集―』ナカニシヤ出版
井関弘太郎（1972）：『三角州』朝倉書店
井関弘太郎（1994）：『車窓の風景科学―名鉄名古屋本線編』名古屋鉄道株式会社
岩田修二（2011）：『氷河地形学』東京大学出版会
岩田修二（2013）：「高校地理教科書の『造山帯』を改訂するための提案」E-journal GEO, 8(1), 153-164.
植村善博（1999）：『京都の地震環境』ナカニシヤ出版
沖津進（2005）：「植生からみたアフリカ」、水野一晴編『アフリカ自然学』古今書院、25‐34
小野有五・五十嵐八枝子（1991）：『北海道の自然史』北海道大学図書刊行会
貝塚爽平（1964）：『東京の自然史』紀伊國屋書店
貝塚爽平（1977）：『日本の地形―特質と由来』岩波新書
貝塚爽平（1990）：『富士山はなぜそこにあるのか』丸善
活断層研究会編（1991）：『新編　日本の活断層』東京大学出版会
小疇尚（1991）：『山を読む』岩波書店
小泉武栄（1984）：「日本の高山帯の自然地理的特性」、福田正己・小疇尚・野上道男編『寒冷地域の自然環境』北海道大学図書刊行会、161‐181
小林国夫（1977）：「過去の氷河作用」、日本第四紀学会編『日本の第四紀研究――その発展と現状』東京大学出版会、153‐162

コパン・Y（1994）：「イーストサイド物語―人類の故郷を求めて」『日経サイエンス』、24（7）、92-100
権田雅幸・佐藤裕治・藤山佳貴・堀顕子（2007）：『地図と地名による地理攻略』河合出版
杉谷隆・平井幸弘・松本淳（1993）：『風景のなかの自然地理』古今書院
諏訪兼位（1997）：『裂ける大地 アフリカ大地溝帯の謎』講談社選書メチエ
諏訪兼位（2003）：『アフリカ大陸から地球がわかる』岩波ジュニア新書
千葉正義（2008）：「捨てられかけた巨大駅、JR大阪駅」『朝日新聞』2008年4月5日
成瀬洋（1985）：「西南日本に生じた構造盆地」、貝塚爽平・成瀬洋・太田陽子『日本の平野と海岸』岩波書店、165-184
日本第四紀学会編（1987）：『日本第四紀地図』東京大学出版会
林雅雄（1992）：「石油鉱床」、佐々木昭・石原舜三・関陽太郎編『地球の資源／地表の開発』岩波書店、143-151
樋口敬二（1976）：「エベレストはなぜ8848メートルか」『朝日新聞』1976年1月14日夕刊
広島三朗（1991）：『山が楽しくなる地形と地学』山と渓谷社
マウロ・ロッシ他（2008）：（日本火山の会訳）『世界の火山百科図鑑』柊風舎
町田洋（1977）：『火山灰は語る』蒼樹書房
町田洋・新井房夫（1980）：「広域に分布する火山灰」、阪口豊編『日本の自然』岩波書店、183-191
町田洋・白尾元理（1998）：『写真でみる火山の自然史』東京大学出版会
水野一晴（1996）：『センター試験対策地理B―センター試験攻略のための論理性』河合サテラ

イトネットワーク
水野一晴（2005）：『ひとりぼっちの海外調査』文芸社
目代邦康（2010）：『地層のきほん』誠文堂新光社
森啓（1986）：『サンゴ　ふしぎな海の動物』築地書館
山縣耕太郎（2005）：「地形からみたアフリカ」、水野一晴編『アフリカ自然学』古今書院、2－14
山縣耕太郎・町田洋・新井房夫（1989）：「銭亀—女那川テフラ：津軽海峡函館沖から噴出した後期更新世のテフラ」『地理学評論』、62、195－207
Buckle, Colin (1978): *Landforms in Africa: An Introduction to Geomorphology*. Longman, Essex, England.
Gruiinert, N. (2013): *Namibia - Fascination of Geology*. Klaus Hess Publishers, Windhoek.

2　気候

小野有五・五十嵐八枝子（1991）：『北海道の自然史』北海道大学図書刊行会
小野有五（2014）：「地中海沿岸からアフリカ大陸を経てギニア湾にいたる断面模式図」『地理A』東京書籍、45
門村浩・武内和彦・大森博雄・田村俊和（1991）：『環境変動と地球砂漠化』朝倉書店
門村浩（1993）：「アフリカ熱帯雨林の環境変遷」『創造の世界』、88、66－90
小泉武栄（1984）：「日本の高山帯の自然地理的特性」、福田正己・小疇尚・野上道男編『寒冷地域の自然環境』北海道大学図書刊行会、161－181
仁科淳司（2003）：『やさしい気候学』古今書院
福井英一郎編（1962）：『気候学』古今書院

水野一晴編（2005）：『アフリカ自然学』古今書院
水野一晴（1996）：『センター試験対策地理B—センター試験攻略のための論理性』河合サテライトネットワーク
安田喜憲（1995）：「小氷期のイギリスと日本」、吉野正敏・安田喜憲『講座 文明と環境 第6巻 歴史と気候』朝倉書店、232-245
山極寿一（1998）：『ゴリラ雑学ノート』ダイヤモンド社
Dansgaard, W., Johnsen, S., Reeh, N., Gundestrup, N., Clausen, H.B. and Hammer, C.U. (1975): Climatic changes, norsemen and modern man. *Nature*, 255, 24-28.
Hastenrath, S. (1984): *The Glaciers of Equatorial East Africa*. Reidel, Dordrecht.
Mizuno, K. & Fujita, T. (2014): Vegetation Succession on Mt. Kenya in Relation to Glacial Fluctuation and Global Warming. *Journal of Vegetation Science*, 25, 559-570.
Stephenson, P.M. and Heastie, H. (1960): Upper Wind over the World. Part I and II. *Geophysical Memoirs*, No.103. Meteorological Office.

3 植生と土壌

阿部祥人・小泉武栄（1979）：「生物相の変化と人類の進化」、田淵洋編『自然環境の生い立ち—第四紀と現在—』朝倉書店
岩城英夫（1971）：『草原の生態』共立出版
沖津進（2005）：「植生からみたアフリカ」、水野一晴編『アフリカ自然学』古今書院、25-34
杉谷隆・平井幸弘・松本淳（2005）：『改訂版 風景のなかの自然地理』古今書院
高井康雄・三好洋（1977）：『土壌通論』朝倉書店

船引真吾（１９７２）：『新編　土壌学講義』養賢堂
水野一晴（１９９６）：『センター試験対策地理Ｂ―センター試験攻略のための論理性』河合サテライトネットワーク
水野一晴（１９９９）：『高山植物と「お花畑」の科学』古今書院
水野一晴編（２００１）：『植生環境学―植物の生育環境の謎を解く―』古今書院
水野一晴編（２００５）：『アフリカ自然学』古今書院
水野一晴（２００５）：『ひとりぼっちの海外調査』文芸社
水野一晴・永原陽子編（２０１６）：『ナミビアを知るための53章』明石書店
山縣耕太郎（２００５）：「カラハリ砂漠の砂丘の歴史を解き明かす」、水野一晴編『アフリカ自然学』古今書院、96－105
吉田美冬（２００７）：「ヒンバと砂漠ゾウ」『月刊地理』、Vol.52（11月号）、92－97
Büdel, J.（1982）: *Climatic geomorphology*. Princeton Univ. Press.
Coe, M. J.（1967）: *The Ecology of the Alpine Zone of Mt. Kenya*. Dr. W. Junk Publishers, Hague.
Hastenrath, S.（1984）: *The Glaciers of Equatorial East Africa*. Reidel, Dordrecht.
Mizuno, K.（1998）: Succession Processes of Alpine Vegetation in Response to Glacial Fluctuations of Tyndall Glacier, Mt. Kenya, Kenya. *Arctic and Alpine Research*, 30-4, 340-348.
Mizuno, K.（2005）: Glacial Fluctuation and Vegetation Succession on Tyndall Glacier, Mt. Kenya. *Mountain Research and Development*, 25, 68-75.
Mizuno, K.（ed.）（2005）: Studies on the Environmental Change and Human Activities in Semi-Arid Area of Africa. *African Study Monographs*, Supplementary Issue, No.30.
Mizuno, K.（ed.）（2010）: Historical Change and its Problem on the Relationship between Natural

Environments and Human Activities in Southern Africa. *African Study Monographs*, Supplementary Issue, No.40.

Mizuno, K. & Fujita, T. (2014): Vegetation Succession on Mt. Kenya in Relation to Glacial Fluctuation and Global Warming. *Journal of Vegetation Science*, 25, 559-570.

Nagy, L. & Grabherr, G. (2009): *The Biology of Alpine Habitats*. Oxford University Press, New York.

Spence, J. R. (1989): Plant succession on glacial deposits of Mount Kenya, East Africa Mountains, In Mahaney, W. C., (eds.): *Quaternary and Environmental Research on East African Mountains*. Balkema, Rotterdam, 279-290.

Spence, J. R. & Mahaney W. C. (1988): Growth and ecology of Rhizocarpon section Rhizocarpon on Mount Kenya, East Africa. *Arctic and Alpine Research*, 20, 237-242.

本書は『自然のしくみがわかる地理学入門』（ベレ出版、二〇一五年）を加筆・修正のうえ、文庫化したものです。

自《し》然《ぜん》のしくみがわかる地《ち》理《り》学《がく》入《にゅう》門《もん》

水《みず》野《の》一《かず》晴《はる》

令和3年 6月25日　初版発行
令和4年 8月25日　7版発行

発行者●青柳昌行

発行●株式会社KADOKAWA
〒102-8177　東京都千代田区富士見2-13-3
電話　0570-002-301(ナビダイヤル)

角川文庫 22721

印刷所●株式会社KADOKAWA
製本所●株式会社KADOKAWA

表紙画●和田三造

ISBN 978-4-04-400647-1　C0125

◆◇◇

角川文庫発刊に際して

角川源義

第二次世界大戦の敗北は、軍事力の敗北であった以上に、私たちの若い文化力の敗退であった。私たちの文化が戦争に対して如何に無力であり、単なるあだ花に過ぎなかったかを、私たちは身を以て体験し痛感した。西洋近代文化の摂取にとって、明治以後八十年の歳月は決して短かすぎたとは言えない。にもかかわらず、近代文化の伝統を確立し、自由な批判と柔軟な良識に富む文化層として自らを形成することに私たちは失敗して来た。そしてこれは、各層への文化の普及滲透を任務とする出版人の責任でもあった。

一九四五年以来、私たちは再び振出しに戻り、第一歩から踏み出すことを余儀なくされた。これは大きな不幸ではあるが、反面、これまでの混沌・未熟・歪曲の中にあった我が国の文化に秩序と確たる基礎を齎らすためには絶好の機会でもある。角川書店は、このような祖国の文化的危機にあたり、微力をも顧みず再建の礎石たるべき抱負と決意とをもって出発したが、ここに創立以来の念願を果すべく角川文庫を発刊する。これまで刊行されたあらゆる全集叢書文庫類の長所と短所とを検討し、古今東西の不朽の典籍を、良心的編集のもとに、廉価に、そして書架にふさわしい美本として、多くのひとびとに提供しようとする。しかし私たちは徒らに百科全書的な知識のジレッタントを作ることを目的とせず、あくまで祖国の文化に秩序と再建への道を示し、この文庫を角川書店の栄ある事業として、今後永久に継続発展せしめ、学芸と教養との殿堂として大成せんことを期したい。多くの読書子の愛情ある忠言と支持とによって、この希望と抱負とを完遂せしめられんことを願う。

一九四九年五月三日